正能量，
点亮人生的灯塔

黄明建 编著

陕西新华出版
太白文艺出版社

图书在版编目（CIP）数据

正能量，点亮人生的灯塔 / 黄明建编著 . -- 西安 ：
太白文艺出版社，2025. 4. -- ISBN 978-7-5513-2938-5

Ⅰ . B848.4-49

中国国家版本馆 CIP 数据核字第 2025PG8342 号

正能量，点亮人生的灯塔
ZHENG NENGLIANG, DIANLIANG RENSHENG DE DENGTA

作　　者	黄明建	
责任编辑	张　鑫	
装帧设计	未来趋势	
出版发行	太白文艺出版社	
经　　销	新华书店	
印　　刷	三河市元兴印务有限公司	
开　　本	660mm×960mm　1/16	
字　　数	260 千字	
印　　张	15	
版　　次	2025 年 4 月第 1 版	
印　　次	2025 年 4 月第 1 次印刷	
书　　号	ISBN 978-7-5513-2938-5	
定　　价	69.80 元	

目录

第三章 知恩报恩有好报

——

第四章 认知觉醒掘潜能

——

第五章　思考力创造财富

——

第六章　思路决定人生路

——

01
第一章

思想是进步源泉

一、有意识才有行动

当你翻开这本书的时候，就意味着你是一个有思想、改变现状欲望强烈之人。要想改变自己的现状，首先需要改变自己的心灵（思想），从而改变自己的心智，使自己的人生和事业发生转变，获得成功。下面我们就从"意识"这个话题开始谈起吧。

1. 意识决定行动

我们首先要搞清楚人的行为是由什么决定的。你可能知道，人的言语、行为结果、生活体验都是大脑思想的产物，有什么样的动机、想法，就会有什么样的思维。通过什么样的思考就会让我们经历什么样的事情。这就是人的意识决定了人的行动，即意识决定思维，思维决定行动，也就是意识转换为行动，我们的行为都是由我们自己的意识所决定的。

那么，什么是意识呢？在心理学中，意识被定义为"人所特有的一种对客观现实的高级心理反映形式"；在哲学中，意识"是人脑对客观事物的一种主观反映，是人脑机能"。我在这里所讲的意识，则是一种思想状态，它是世界的本源，物质依赖意识，意识决定物质。

意识是一种内部的心理状态，是对自身思想、记忆、情感以及外界环境的觉知。意识可以帮助我们主动收集信息，反省过去和规划未来，从而主动对自己的行为进行控制。

你也许会怀疑，我们的行动真的是由我们的思想决定的吗？即意识是否决定行动。我告诉你，不容怀疑，有一位教授为我们做了很好的证明。

为了证明意识决定物质，某教授对他的学生说："我决定把自己的手指头剁掉。"然后他拿起刀子，真把自己的手指头剁了。然后，他痛楚地说："还是物质决定意识呀。"他的一个学生对他说："老师，不是物质决定意识。您的手指头掉了，是由您的动机决定的。您刚才不是说'我决定把自己的手指头剁掉'吗。"

"教授把自己的手指头剁掉"是什么决定的？很显然是动机决定的。他已经证明了他的动机"把手指头剁掉"。为什么说是动机决定行动呢？因为教授刚开始的动机是想证明"意识决定物质"，但实验结果发现是"物质决定意识"。这整个过程的行动，都是由开始时的动机决定的。关于"是思维决定行动还是行动决定了思维"这个问题，从广义讲，思维活动也属于行为。到底是"想了"决定"做"，还是"做了"决定"想"，我们应该这样去理解：思维主导着行为，行为影响着思维。明白了这个道理，我们就要充分挖掘和运用自己的意识，注意行为的养成。

2. 注意力在哪里，能量就在哪里

我们知道了思维主导着我们行为这一原则，就应该注意自己的意识，时时刻刻修正自己的思想，心里的每一个念头都应该朝着正面的、积极的、好的一面思考。在这里，我还要告诉你，你的注意力在哪里，能量就在哪里。当我们注意什么东西，什么东西就会来到我们身边，因为我们的注意，它也是意识的产物。

其实，在我们做一件事之前，总会有很多的顾虑和担心，以致无法全神贯注地直达目标。我先给大家讲一个会让你豁然开朗的小故事，或许对你有所启示和帮助。

有一个孩子上小学，妈妈总是担心孩子到了学校以后，白衬衫会被弄脏，顾虑重重。有一天，老师对她说："你呀，出门的时候啊，不要担心孩子的衬衫会弄脏。你应该把担心转化为祝福，你应该祝福孩子今天的衬衫是洁白干净的，祝福孩子的领口每天都无比洁净。"这位妈妈遵照老师说的，出门时对孩子说的话变成祝福，她发现自己的状态真的轻松了。她的孩子呢，奇迹般越来越爱干净了。

还有一位妈妈，在孩子出门的时候总有很多顾虑，担心孩子出门遇到坏人，担心孩子被车磕碰到，担心孩子迷路，担心孩子有什么不测，于是她每天都提心吊胆的，也使得家人和孩子每天都小心翼翼的。后来，老师就教她，把这种担心转化为祝福，祝福社会更加安全康定，祝福我们的孩子每天都平安顺遂，祝福我们的孩子健康快乐成长。当这位妈妈把出门前对孩子说的话语改变以后，发现自己的状态也同样轻松了，而且孩子也一直有很强的安全意识，茁壮成长。

你是不是也觉得"化担心为祝福"这句话特别有效果呢？是不是觉得说着说着，我们自己的心情就放松多了？然而，我们大多数人平时过度地把注意力放在了压力和担心上，这种心态对事件本身没有帮助，反而有害。

注意力在哪里，能量就在哪里，你越是担心什么，反而吸引什么，因此，我们要转化一下思路：化担心为祝福。这样不仅心态上轻松，而且整个人会变得乐观豁达，更能够推动事情朝着好的方向发展。有一本书叫《向宇宙下订单》，这本书里说，如果你跟老天爷说，不要什么，其实宇宙是识别不了这个"不"字的，他只能听到你说，要什么要什么，当宇宙自动屏蔽掉"不"这个字的时候，你不想要的反而会给你。所以，这就是越消极的人越吸引消极的事物，越积极的人越吸引积极的事物。向宇宙下订单，最好的方式就是跟他说，我想要什么，我祝愿我得到什么，这样反而给了宇宙明确的订单，也更方便，潜意识带你找到通向你美好愿望的路径。我们每个人都可以试一试，把注意力聚焦在积极正向的事业上，你会发现，事情并没有那么糟糕，你也会更容易看到机会，看到渡过难关，或者达成梦想的线索。但如果你的注意力总是放在消极、压力、担心上，不仅心态饱受折磨，而且事情的发展并没有任何有益的帮助。每当我们面临生活选择的时候，请你一定要记住这句话，注意力在哪里，能量就在哪里，化担心为祝福，收获到的就是一片阳光。不信的话，你就试一试吧。

3. 相由心生，境随心转

当一个人内在升起信心、升起信念的时候，外在的运气真的就变好了。你是否发现，身边有的朋友越来越年轻了，而且她也不用大品牌、不去做美容，可是整个人的年轻心态和性格的明朗度却越来越好了，这就是相由心生促成的。

当我们内在的很多抱怨、消极、比较、焦虑外显的时候，内在就会紊乱，很难达到外在比较好的面貌。无论你采取任何的技术手段，都是只能维持一小阵子，过一阵子你就又会被打回原形了，所以你就不断地花钱，不断地装饰外在，但是你的内在，却没有进行好的修心，没有进行好的清理。就拿我来说吧，我觉得自己最大的改变就是，当我开始修心以后，对自己有了更多的觉察，因为做了很多的功课，开始能够意识到自己在发脾气，自己在和他人比较，自己在焦虑，于是愿意去改，最大的改变就是脾气越来越好了。知道吗？我过去跟团队在一起的时候，自己真的好凶好严苛，总是觉得大爱似无情，于是对大家都是苛责，在这个过程里，自己也很难保持一个明朗的笑容，当你笑容变少了，你还期待自己的相貌能越来越好，那是不可能的。到后来慢慢修心养性，自己的脾气发得越来越少，愿意更加负责任，对周围的人更多的是宽容和善良。不怎么发脾气以后，相貌开始真正发生改变，变得越来越年轻。

你是不是过去只是希望借由各种各样的方法论来帮助自己，借由各种各样的人脉来托付自己的事业，但后来才发现，如果内在不改变，外在世界是不会有本质改变的。但是，只要你花更多的时间在自己身上下功夫，去做冥想，去学习传统文化，去做功课，去跟随好的老师学习，每一天都在精进自己的内在，当你内在升起信心的时候，外在的运气真的就变好了。

只要自己内在增强了信心，不断改变旧的观念，外在世界是一定会改变的，这就是境随心转。我们与其在外面不断地下功夫，不如回归我们的内在，好好地精进自己，好好地做功课，好好地修心，当你修心达到一定境界，气就顺了，你的世界自然而然就改变了。

4. 点亮意识，一日千里

我们来认识一个词语——阈值，它代表的是意识的边界。其实我们的意识之光是很弱的，想象一间黑暗的房间里面，只有微弱的一点点光，可能甚至都没有光，很黑暗，这就是人的意识头脑，那一旦你点亮了一点点光，这束光还随时可能会熄灭，因此他需要持续点亮，然后让这个意识的光慢慢地扩散，扩散到足以照亮这间房间。然后这个人才会站起来，然后说："咦，外面还有另外一个世界，我还可以开个门走出去看到更光亮的世界。"其实人的意识是这样一个过程，因此我们经常会说意识的转化是一日千里，能力的提升是点点滴滴，因为你的意识的光出来了，那么你看到的东西完全不一样，能力上你可能做不到，但我们至少意识到，这是第一步，就是光来了，然后呢，才有机会照亮，最后才有机会走出去，才有行动。

5. 重塑意识，挑战人生

在充满各种挑战人生中，当你感到无助时，可以通过重塑内涵和思维方式，将无助的情况转化为反败为胜的机会，这种意识力量可以帮助你实现自己的梦想、取得成功。无论外界发生了什么事情，一个人可以通过改变自己的内涵来控制自己的情绪，使自己快乐或悲伤。同时，意识的力量，也可以将无助的境况转变成反败为胜的挑战，换句话说，你可以改变你的思维方式，转变你的态度和行动，来应对不利的情况，这种心理抗压能力对于你能否应对各种变化至关重要。举个例子，如果你被解雇了，可能会感到失落和绝望，但是如果你通过改变自己的思维方式，将这看作是一个机会，来寻找更好的职业机会，那么这种消极情绪肯定会被改变，你可能会开始重新审视自己的职业道路，改进自己的求职技能，在找到更好的工作之前，将自己提升到一个新的高度。

另外，假设你的家庭环境不是很好，但你可以通过改变自己的内涵和思维方式，将这个无助的环境转化成成长的机会。你要思考如何面对问题和挑战，从负面经验中吸取教训，并努力使自己取得更好的结果，通过这种不断的反思和努力，将无助的情况转化为反败为胜的挑战。

可能你还不是很明白上一段话的意思，那我就通俗地讲，就是当你遇到不好的境遇和不幸的事件，你应该把它看作是一件好事情，一个好的起点，重塑自己的意识，必将逆转自己的人生。总之，意识是你面对挑战时的一种关键力量，可以帮助你感受到自己更有力量和信心，从而充满热情和活力，实现自己所愿。

二、认知决定高维度

前面我给大家讲了意识决定行动。你也许会说，我知道了意识决定行动，可我不知道如何改变我的思维，让我有一个好的行为和好的结果。很好，你有这样的疑问，说明你正在思考，想改变自己实现美好的心愿。别急，我们一起捋一捋：你坚信，你的思维决定你的行为，你的行为又决定你的结果。你会想，是什么决定了你的思维？又是什么影响了我们每一个人的思维？

让我悄悄告诉你：你的认知影响了你的思维。

1. 认知决定思维

既然认知影响着思维。我们必须搞清楚什么是认知？认知就是在这个世界上你所相信的事情。在这个世界上，有很多很多事情，每个人都有自己相信和不相信的事情，所以就形成了不同的认知。比如，我说："穷人应该靠创业改变命运！"这是我的认知，因为我觉得创业就是老天给每一个穷人翻身的机遇。当看到我这个观点的人，相信了创业是穷人改变命运的唯一机会，就会形成自己的认知，思维就会间接地引导自己的大脑，思考我该如何创业、创业需要具备什么能力等，我的行为也会随着思维转变，慢慢开始行动。

假设你不相信"创业改变命运"这个观点，那是你对于创业有自己的认知，可能认为创业比较难、创业风险大、创业不是普通人玩的游戏，穷人要相信命运，应该平平安安，健健康康地过完这一生。

同样一个观点，不同的人，有人相信，也有人不相信，这就是认知的不同。假设你不认同"意识决定行动""认知决定思维"这样的观点，你也就不会阅读这本书，也就不会阅读到这里。感谢你的阅读，让我们继续聊下去吧。

2. 环境影响认知

那么，是什么影响了你的认知呢？你的环境影响了你的认知。是环境吗？是的，你没听错，是环境影响了我们每个人的认知，当然包括你。要知道，你的认知是从你身边人的口中获得的，从你读的书中获得的，从你看到的电视剧、电影、综艺节目中获得的。

由于每个人的生活环境不同，它的认知就不同。所以，每个人的认知是从别人那里获取的，一部分选择相信，形成自己的认知，一部分选择不相信，也形成了自己的认知。因此，你的认知是从你的环境得来的，从获得的信息中过滤自己相信的东西，这才形成自己的认知。

我们每个人，都会经历三次环境的洗礼，都会很大程度上影响你的认知。一是家庭环境。你的父母，是最先开始影响你认知的人，他们会把他们的价值观传导给你。二是学校环境。不同的学校，由于老师不同，学生不同，他们的认知不同，你会受他们的影响，从而形成了一些新的认知。三是社会环境。当你出入社会，无论你是什么样的一个人，面对社会的现实，面对职场的压力，你的老板、领导、同事都会影响你的认知。

你已经了解到，环境可以影响到你的认知，那么如何改变环境？如何改变你的环境？答案只有一个，通过提升你的能力来改变环境。

你也许会发出疑问：我的环境就这样呀，环境还会改变吗？我坚定地答复你：环境是可以改变的。

以前的我，一直以为环境是改变不了的，每个人只能适应不同的环境。当我知道了"霍金斯能量层级"这个概念以后，我有了新的认知，环境是可以由人的能量来改变的。

什么是"霍金斯能量层级"？每个人不同的情绪，会产生不同的能量。这个能量层级，就是根据人的 17 个情绪状态排序：

1. 羞耻，能量 20 及以下；　　2. 内疚，能量 30；

3. 冷淡，能量 50；　　4. 悲伤，能量 75；

5. 恐惧，能量 100；　　6. 欲望，能量 125；

7. 愤怒，能量 150；　　8. 骄傲，能量 175；

9. 勇气，能量 200；　　10. 淡定，能量 250；

11. 主动，能量 310；　　12. 宽容，能量 350；

13. 明智，能量 400；　　14. 爱，能量 500；

15. 喜悦，能量 540 ；　　　16. 和平，能量 600 ；

17. 开悟，能量 700—1000。

能量层级也会影响人所处的环境。因为，每个人都有他自己的能量值，而人与人之间的能量值，是会相互影响的。你可以把他的能量拉低，也可以把他的能量提高。同样，他也能把你的能力拉低或者提高。

而改变环境，唯一的方法就是，提高你的能量。每个人，都逃离不了影响别人和被别人影响的命运。当你的能量提高了，你周围的人就跟着改变了。你的家庭环境、学校环境、社会环境都会改变。

这个底层的逻辑其实很简单，就一个概念——同频共振。当你的能量高了，你吸引的都是美好的人、事、物。这就是为什么很多人说，环境决定命运的底层原因。因为，环境形成了你的认知，而你的认知让你有了自己的思维，最后你会通过自己的思维做事。

想要改变自己的环境，最好的方法就是多和正能量、积极向上的人相处。获得更多正确、有价值的信息，提高你的能量，改变你的环境，最终拥有一个属于自己的正能量环境。这是唯一改变你的环境的方法，就是不断接触"高人"，来提高你的能量。

如果你能看到这里，并且能看懂，而且悟透，那未来一定前途无量，我是最近三年读了很多书，见了许多事，才悟出来思维的层次原因是能量。

我要给你说个秘密，一般人我不告诉他。我能告诉你，是因为我们同频共振，都是励志有正能量之人。若果你是性格外向的人，多和优秀的人、积极向上的人在一起，获取正确的认知；性格内向的人，多多去看好书，看书是内向的人获取正确认知最好的方法。

3. 认知决定高度

一个人的认知决定了他自己的思想深度、事业高度和幸福指数。要知道，拉开人与人之间距离的不是能力，而是认知。认知分为六个层次：

第一层是环境归因层，也是最底层。这一层的人遇到问题，从来不找自身的原因，认为成败都是外界的环境条件决定的，所以常常消极被动，喜欢抱怨。

第二层是行动归因层。这一层的人认为只要努力就能够成功，所以不停加班加点地工作，就是忘了人的工作时长和体能都是有限的，勤奋是成功的必要条件，但不是充分条件。

第三层是能力归因层。他们认为，工具方法技术是解决问题的核心，所以热衷于各种方法论。

第四层是精英认知层。他们强调信念价值观原则，他们认为，只有相信才会看到，而不是看到了才相信。他们会按照价值观的重要排序来精准地分配资源，有所为有所不为。

第五层是明确自己的身份定位。知道我是谁，认为自己天生就是王者。如果认为自己是天生的艺术家的，就算再穷困潦倒，也坚守艺术的纯粹，为了捍卫自己的身份，付出再多也在所不惜。

第六层是精神层，也是最高层。他们认为，这个世界都会因我而不同，为了完成自己的使命，倾注毕生的经历，甚至不惜献出自己的生命，他们是历史长河中最璀璨的明星和领袖。

认知处在第一至第三层的，就像拉磨的驴一样，自认为在勤奋前行，实际上是在原地打转，常常陷入无解的死循环，越节省越穷，越节食越胖，越加班越忙，而处在相同认知层次的人是帮不上相同层级的人。如果想要成功破圈，一定要接受来自更高认知层级的指点，他们能够向下兼容帮你看到真相，帮你找到"穷、胖、累、忙"的根本原因，帮你走出无解的僵局。

我们每个人都有自己的选择，当然你没有办法选择出生在什么国家、什么城市、什么家庭、什么时代。当我们成人之后，实际上我们要面临很多选择，比如说选择什么样的行业、选择什么样的领域、跟随什么样的老板，人生有很多很多的选择，比如说择校、择业和择偶，有一句话叫作"选择大于努力"，不是说努力不重要，是要我们把聪明、努力、勤奋用对地方，而用对地方就叫作选择，20 岁你觉得努力很重要；30 岁你觉得聪明资源平台很重要；到了40 岁你突然发现，成功离不开这四个字：顺势而为。所以，势在哪里，怎么借势，怎么顺势，这很重要，所以我们常说选择大于努力。那我们怎么选呢，选择的背后是什么？选择的背后是认知。你读过的书，你走过的路，你见过的人，你见过的世面，你身边的最好的6 个朋友，你们天天聊的话题，就构成了你的认知。所以投资自己，比投资什么都更有价值，没有什么比你贵，你的房子、你的车子、你的包包、你的手表都没有你贵，你是最贵的。所以你一定要把钱投资在自己身上，让自己变得更聪明，让自己变得更睿智，要使自己的格局、自己的思维、自己的认知都在不断地去变化。

三、心所想才会事成

在我们日常祝福话语中，经常提到"心想事成"，你可能认为这仅仅是套话而已，怎么可能会"心想事成"呢？你的观点我很理解，因为我以前也是这样认为的。但是，我今天肯定地告诉你，"心想"是可以，并且一定"事成"。只要你坚信，就没有不可能。

1. 心想事成的秘密

当你改变了环境，认知达到一定程度，你的所想、你的所愿就会预期来到你的身边。生活中经常会出现我们想什么就是什么。我不知道您是否也有这样的情况。譬如，我在读书时候，课堂上突然觉得自己会被点名，结果真的就被老师点了；走在路上觉得自己会捡到钱，结果真的就捡到了；开车行驶在路上老是预感有小剐蹭，结果真的与别的车亲热了，还有一句大家熟知的"说曹操，曹操到"。这些看上去很离奇的事情能够莫名其妙地猜中，是纯属巧合，还是其他原因？

要解决这个问题，首先来探讨我们所在的宇宙。宇宙是什么？一元论认为世界之根本为一，而宇宙万事万物皆源于此一元。二元论者主张神与世界、精神与物质、本质与现象等的绝对对立；一元论则谓一切皆由一根本原理所生成，故无所谓神与世界、精神与物质之对立。不管你的宇宙观是何论点，所持什么态度，我们的世界总是很神奇的，你想什么最终就会得到什么。想象一下你所经历的过去，当你每天都向往美好的时候，是不是真的最后生活越来越好了，整天生活在愉悦状态。而如果你在某段时间很焦虑，情绪低落，总是担心害怕什么事情会发生，然后神奇的一幕出现了，你害怕什么就会来什么，这些你很不想发生的事，最后真的发生了。

那是什么原因让我们越想得到什么，就能得到呢？这是心想事成的秘密，在吸引力法则的世界里面，我们会发现你想什么，那么最后就容易吸引来什么。

只要意念够坚定，最后就会得到你所想的。同样地，如果我们整天害怕不好的事情发生，然后脑子里都是不好的事情，最后就会发生不好的事情。有一年，我的一个同事患了病毒感冒，我很担心自己会被传染上，整天脑子里全是流涕、咳嗽的画面，天天关注他的病情。结果，在我的同事中，我是最早被传染上的。到了今年，我再也不关注同事谁得了感冒，谁头疼，不再想那些负面的东西，至今一年过去了，我没有再生过病。当然这些改变，都是我看了类似《吸引力法则》有关心念的力量的书籍带来的。现代科学认为，宇宙是能量的结合体，我们身体的每个细胞，细分到分子、原子、夸克，如果再细分的话，就是一团能量了。

反之，我们每个人周围的每个物体都是由能量组成的，你想什么，就会向外释放出什么能量，那么最后就会吸引什么能量过来。想想我们平时生活中的一些小事，或许你和一位好朋友去约会，不过是他迟到了两分钟，然后你开始大发雷霆，把愤怒和怨气都发泄在他身上。然后好朋友接收到你的负能量之后，本来心情好好的，也变得很糟糕很难受，也很生气，然后也把愤怒又返还给你。

你的初衷本来是打算周末一起出来玩的，最后搞得两个人都很不开心，不欢而散，各回各家。如果此刻你的心情已经平复了，那么负能量终止，假如还是很不高兴，在回去的路上，越想越气，路人不小心碰到你一下，然后你又把愤怒发泄出去，最后和路人大打出手，直到警察过来，一个进了医院，一个进了派出所。

假如你心里一直都想的是：我今天和朋友出来玩，目的是一起开开心心。既然朋友迟到了，又给你道歉，你应该马上说没关系，说声："我们马上出发吧。"不是就可以度过美好的一天吗？聊到这里，我们是不是感到很幸运呢？因为我们知道了心想事成的秘密。

2. 要有企图心

我们既然知道了心想事成的秘密，该如何运用这心想事成的秘密帮助我们实现成功和快乐。首先我们要有企图心，如果你想住别墅、开豪车、事业爱情美好，却不敢去奢望，那么最后是不可能实现的。所以我们要有企图心，要坚信：只要我想，那么就一定能实现。

我们所有的企图心，不仅放在心里，还要学会写在纸上，贴在墙上，让我们无时无刻都能看到它。把每一个目标，都具体地写出来，举例：我想要三年后拥有一辆豪车，这豪车价值 100 万，赛车型的奔驰或宝马，想象着自己驾驶它疾驰在高速路上，和自己的爱人一道体验豪车的快感。除了写出来，同时专门画出来，然后贴到墙上或醒目的地方，每天都让自己看到，并且暗示自己，这即将实现。

或者五年后拥有一套别墅，这别墅有 500 平方米那么大，旁边有面清澈的湖，别墅前面带着花园，后面带着游泳池。每天早晨起床，阳光透过落地窗进来，保姆已经为我们准备好早餐。同样，要把这些专门画出来，每天都让自己看到，并且暗示自己，这些目标马上就要实现。在我们的潜意识里面，是分不清好坏对错的，千万别用不要怎么样，不要怎么样，因为潜意识里面判断不了，所以我们只想正面的，我们要怎么样。

3. 正面引导

我们怎么样通过正面的思想，去引导我们的语言和行动呢？

当你希望孩子爱上读书，努力学习，每天按时完成作业，那么你就多去给孩子传导正面的思想。告诉孩子，你读书的时候认真的样子简直太帅了，你越来越聪明了，你努力学习的样子，爸妈看到了特别开心。

不要斥责孩子，怎么没去看书，怎么没去好好写作业。当你正面鼓励孩子的时候，孩子会朝着你所希望的正面的方向发展。当你斥责孩子的时候，同样会给孩子潜意识里，植入负面的信息，那么孩子就会向着负面发展。

思想指导语言，语言指导行动。我们想什么就会说什么，说出什么就会去做什么，做什么就会最终得到什么。所以当你在做任何事之前，请先问问自己：我想得到什么样的结果，我该怎么去说，我该怎么去做，想好了再去做。因为你想得到的，一定是正面对自己有利的，所以你的语言和行为也会做出和思想保持一致的行动。

不管当下的处境怎么样，将负能量扭转成为正能量，把负面思想扭转成为积极正面的思想，对当下感恩，对未来充满自信。如果你总是想，我本该得到什么，现在却这么凄惨，那么人会很抑郁很烦恼的。如果你换个想法：我很幸运我生活在这里；我成长中的挫折成为我成长的肥料；让我越来越优秀，感恩身边的谁谁谁。那么你的生活会越来越富足，你也会越来越开心，烦恼也就越来越少了。

4. 向宇宙送去订单

对未来自信，是一种积极态度，我想得到的，通过自身的努力，终将会得到。发现心想事成的秘密是第一步。第二步是向宇宙下订单，想要什么就写出来，每天都去积极地行动，那么最后这份订单一定会实现。你到底想要什么，坐下来写在一张纸上，要用现在进行时："我现在很开心""我充满感激"，接着写下你想要的生活，就好比你把宇宙当作产品目录，你翻看着目录后决定想要经历什么，想要什么东西，想要和什么样的人在一起，大胆地去下订单，宇宙会回应你想要的一切。

"宇宙订单"究竟是什么？宇宙订单和吸引力法则一样，都是一种积极思维方式，这一说法最早是由德国畅销书作家巴贝尔·摩尔提出的。他一直通过写作和讲座的方式，告诉人们如何用向宇宙下订单的方式，让生活更加美满。在实践方面，宇宙订单和你在神佛前的愿望类似，不同的是你没有把愿望说给神佛，而是发送给了宇宙。

摩尔认为，如果我们写下愿望并耐心等待，你会发现愿望真的就实现了。宇宙订单和吸引力法则是一样的，都是一种积极对待世界的方式，当你去下订单的时候，你要明白，你不是向别处要，你是向自己要，你本身就是这个宇宙当中的一部分，所以物质、金钱、财富、感情、婚姻，一切皆在这个宇宙当中，想要什么就吸引什么。

那么，我们如何"向宇宙下订单"呢？

（1）链接与融入。想要获得你所渴望的，你必须和宇宙融为一体。简单来说，就是要融入周围的环境。因此，在你下订单之前，不妨花点时间调整呼吸，融入当下的能量当中，通过这样的练习，你就能专注于更加重要的东西，而不是被负面思想所影响并沉沦下去。只有你向宇宙发出积极的思想和能量，宇宙订单才会实现。要做到这一点，你就要学会活在当下，从而和宇宙能量同频共振，感知到你真正发自灵魂的渴望。

（2）与宇宙和谐。一是从小事入手。不论是清晨的呼吸吐纳，还是对周围环境的观察，这些都能帮你培养与宇宙的链接感，或者你可以专注冥想几分钟，专心地吃东西，你会慢慢感受到和世界的联系、和宇宙的联系，并有可能感受到一股历久弥新的力量和愿望，由心底萌动而生。

发现自己的负面思想。负面思想很难摆脱，如果你醒来时带着负面的情绪，并且放任自流，思想集中到负面的事情上，那么也许你这一天心情都不会好。要摆脱负面的思维方式，是一件有难度的事。要在负面思想出现时的第一时间注意到它。比如，你被绊了一跤，你有些生气，你可以告诉自己"我生气了"。当你说过以后，反而不觉得那么生气了，你会发现，我们控制思维的方法比我们认为的还要多，当你能察觉负面思想并克服它们时，你会进入一个健康的精神世界。如此，你接下来的"宇宙订单"才能有效。

二是集中注意力找到你的唯一。对"宇宙订单"来说，注意力最好放在一件事情上，这意味着你要找到自己最迫切的愿望，这样你的注意力才不会被分散。当我们找到真正想要的东西时，才能把所有能量汇集到一处。如果向宇宙下订单时，你的注意力是分散的，那你向宇宙发出的信号也是混乱的。所以你一定要弄清楚什么是最重要的，什么才能带给你最大的幸福。只有这样，当机遇来临时，你才能紧紧把握住它们。

三是利用视觉化的力量设定目标。目标可大可小，但一定是你愿意并能够为之付出努力的，也就是说，你先要在心中画一幅目标图景，一定要用心描绘，绝对不能信手涂鸦。因为你要对自己负责，思想引发行动，行动产生方法。视觉化是一个生动形象的说法，同样也是一个行之有效的方法。赋予抽象的事物以形象，在脑子中为它画像，仿佛就在你眼前能够看到它一样，这就是我们说的视觉化。它能够达到神奇的效果，很多人都在用它。足球运动员会视觉化自己进球的场景，小提琴手在登台前也会视觉化自己在音乐会演奏的场景，企业家则会视觉化他们事业有成的场景，可以说视觉化是你达到目标的有力助手，你视觉化出来的场景越具体，愿望实现就越快，如果你想象出来的画面是含糊不清的，那愿望的实现就不会顺利。

调动感官。视觉化练习时要调动你的一切感官，让感受最大程度接近现实。如果你的愿望是在一个热带岛屿工作，那就不仅仅想象画面，甚至可以想象闻到椰子树的味道，听见海浪拍打海岸的声音，呼吸到清新的空气……当你把不同感官调动起来以后，你会发现你的愿望变得如此清晰，这就是把一个朦胧的愿望转变得精彩生动的秘诀。

写下目标。这一步看上去简单，但是却不只是把梦想写出来而已，你在写的时候，要尽可能准确地描述你的愿望，最好是视觉化练习后立刻进行，此时你对愿望的感受是最明晰的，你要用文字忠实地描述你的感受，写完后可以装进信封，收信人写上宇宙，提醒自己要将正能量发送到哪里。收信人也可以是你自己，这样就好像是同自己的一个约定。如果你愿意，也可以把信烧了，因为有人认为这是愿望融入宇宙的象征。当然你也可以保存下来，每天读一读，以保证自己的注意力集中在愿望之上。在郑重写下你的目标之时，有一些建议可以参考。

用数字表达并有达成期限，你的目标最好有具体的标准、日期或者数字，有句话如此说，没有期限的目标只是空想，因此目标越具体越清晰越好；知道自己要的是什么，知道自己能够成为一个什么样的人；在你完成各个阶段目标的过程中，你不能过得痛苦，你所设定的目标对你必须是有意义的，否则你也会半途而废；你要具备实现这个目标的能力，这就需要你不断提高、加强自己的能力；不断地评估检讨，不要以为设定了目标以后，有了方法，有了优势，有了机会，然后就可以达成。

（3）创造良好氛围。对大多数人来说，视觉化练习可以在安静的房间里进行，但也不是所有人都合适，所以你要进行尝试，找到最适合自己的环境，也许你可以点上蜡烛，放上音乐，坐在地板上或沙发里，不管怎样，只要平静和放松就好。在视觉化前，你要清理你的思绪，冥想是让你心平气静的最好方法，当你感到舒适和放松以后，开始你的想象，用你内部的眼看到愿望实现的画面。

接下来，请你正式向宇宙发送订单吧。还需提醒你注意的是，发送完订单以后，有些事值得你去做。一、相信。随时随地吸引，吸引力来自生命的坚信，相信就是力量。在接收的过程中，感受快乐喜悦是很重要的，如此一来，你就把自己放在想要的频率上了。二、坚持。磨刀也要磨几百下才行，水滴石穿甚至需要好几年时间，重复就是力量，你可以自己每天早晨和晚上睡觉前，都重复回忆心中的核心目标，自己早晚各写 10 遍，每天都写着自己的目标，目的只有一个，就是刺激潜意识，给潜意识一个明确的指示。当我们心中有个巨大的目标，又符合自然法则时，就能感召众人相助。三、行动。一张地图，无论多么翔实，比例多么精确，它永远不可能带着主人周游列国，凝结智慧的宝典，永远不可能缔造真正的财富。只有行动才能使地图、宝典、梦想、目标具有现实意义，没有行动一切都是空谈。四、持续地感恩。在这个世界上理所当然的事情越来越少，而值得感激的事情越来越多，常怀感恩之心，我们就能够逐渐原谅那些曾与自己有过结缘，甚至心灵痛处的那些人和事，会让我们已有的人生资源变得更加深厚，让我们的心胸变得更加宽阔、宏远。美国前总统里根在办公桌上写过一句话："只问耕耘、不问收获的人，没有做不了的事，也没有到不了的地方，用感恩的心改变我们的态度，用诚恳的态度带动我们的习惯，让良好的习惯升华我们的性格，让健康的性格收获我们幸福的人生。"学会感恩而非抱怨指责，是成功的起点，是具有吸引力的源泉。

四、遇事三思而后行

好了，现在我们都持有"意识决定行动"的观点，是不是感觉到决定行动前的思想是不是很重要呢？在做事前是不是要认真抉择大脑的命令是否符合"如愿的结果"呢？古话说"三思而后行"，就是劝我们永远不要在盛怒之下做决定。

1.动怒的后果

下面我给大家讲一个老掉牙的故事，它能给你带来警示，或许你看过，希望你再看一遍，加固你对"三思"的认知，强化你的思想，对你今后做事一定会带来帮助。

从前，某国王养了一只老鹰，训练它专门打猎。老鹰非常听国王的话，只要国王一声令下，老鹰就会飞向云端，四处寻找猎物，如果碰巧发现鹿或是兔子，它就会快速地扑上去，将其擒住。

一次，国王带着老鹰到森林里去打猎，文官武将也跟随在后，他们身后还有一群带着猎犬的仆人，希望能够满载而归。可是，国王这天的运气不太好，他与大家走散了。天气很热，国王十分口渴，他希望能够找到泉水。但是，炎热的夏日早已将山溪烤干了，老鹰也在上空无奈地盘旋寻找着。

找了很久，国王终于发现，有一些水沿着一块岩石边缘一滴一滴流下来，他赶紧从马背上跳了下来，从袋子里取出一个小杯子，将它拿去盛接那慢慢滴落下来的水滴。国王花了很长时间才将杯子接满。他实在太渴了，迫不及待地把嘴凑到杯边。

就在这个时候，天空中突然传来呼呼的声音，接着，国王的杯子就被打翻了，水洒在地上，倏地渗进地面的缝隙。

国王抬头一看，原来是他养的老鹰。国王生气地捡起杯子，又继续接流下来的水滴。这次，他没有等那么久，就在杯内的水才半满的时候，他就把杯子举到嘴边。

但是，就在杯子碰到他的嘴唇那一刻，老鹰又一次扑下来，把杯子从他的手中打落。这次，国王发怒了，大声吼叫道："如果你敢再来，我就把你的脖子砍断！"

然后，国王又拿杯子盛水。但是，在国王预备要喝水之时，老鹰再一次冲了下来。愤怒的国王立刻拔出剑刺中了老鹰。可怜的老鹰倒在了血泊中，而国王的杯子刚好掉进了岩缝里，无法取出。

国王只好继续向前走，他想找到水的源头。后来，国王终于找到了一个水池，这水池正是那水的源头，但是他惊讶地发现，在水池里竟有一条死去的巨大的毒蛇。

国王顿时明白了，他哭喊道："我的老鹰救了我，它是我的朋友，而我竟然把它杀掉了！"国王伤心地跑回去，找到老鹰的尸体，将它厚葬了。从此以后，当国王再要发怒时，他就告诫自己：永远别在盛怒下做事！

人在冷静的状态下，可以做出准确的判断，经过大脑思考，反复推断，很少会犯错误。只有在愤怒之下，人们会干蠢事，这是人性的弱点。我们知道了情绪会给人带来负面的东西，在控制住自己的情绪时，还要时时叮嘱自己：别轻易动怒，更不要在动怒时做决定。

我们遇事要沉着冷静，要学会控制自己的情绪，在事情的真相还没有弄清楚之前，不要过早地下结论，这在任何时候对于我们来说都是有百益而无一害的。

2. 冷静思考不冲动

做人要冷静思考，不冲动，冲动是恶魔。优秀的人之所以优秀，是因为心态好，心态好的前提条件，就是消除不良心态。冲动就是一种不良心态，冲动让人陷于悔恨与自责的旋涡。在日常生活中，确实会有许多事情让我们很气愤、无奈，但是无论自己的情绪多么冲动，都不能失去理智，更不能不顾一切地采取过激的行为。"事缓则圆"，事情的解决往往都是理智加公平的结果，一味冲动不仅于事无补，反而会造成让我们难以承担的后果。因此，在遇到窘境时用理智控制自己的行为才是明智的选择。冷静，不冲动，最终达到心静如水的境界。

做人要冷静思考，不冲动，冲动是魔鬼。很多时候，一时冲动表现出来的坏情绪很有可能会成为我们自身幸福的杀手，让我们变得面目可憎，受到他人指责。冲动是魔鬼，冲动也能把人变成魔鬼。"凡培养自己的性灵者，必定成功；凡戕害自己的性灵者，必定失败。"

一个良好的生活态度应该是从多个视角去审视自己的生活，并从中找到情感和理性的最佳搭配，这才是我们在追寻幸福道路上最为值得尝试的一件事。一时冲动的情绪化行为很有可能会成为个人心理发展的障碍，让人变得不理智，甚至还会做出一些不堪设想的事情。

如何让自己不冲动呢？首先，要勇于承认自己情绪上的弱点，不要刻意回避自己的负面情绪。很多人都非常容易冲动，并且冲动起来就很难自我控制，这个时候要怎么处理呢？关键就是要正视自己的这个弱点，在此基础上，仔细分析自己喜欢冲动的原因，然后再找一些方法去努力克服。这样一来，就可以时刻提醒自己："不要冲动，冲动是魔鬼，冲动会让自己做出后悔之事！"

其次，要学会正确认识和对待社会上存在的各种矛盾。在看待问题时，要多看光明和积极的一面，这样才能让自己发现生存的意义和价值，让自己变得更加乐观向上，从而也能够增强克服挫折的勇气和信心，即使在遇到一些不公平的事时也不会只顾冲动地发泄，而不顾及后果。

最后，要学会调整自己的消极情绪。当人处于逆境的时候就非常容易产生不良的情绪，当这种不良的情绪得不到很好的调整时，就很容易冲动地去做一些不顾后果的事情。这时，就需要用适当的方法对这种不良的情绪加以调整。时刻提醒自己人生就是考验，万事都有定数，从而使自己的心灵得到安慰，让自己的不良情绪得以平复，切莫因一时冲动迷失了自我。请记住：千万不要追随魔鬼的步伐。谁追随魔鬼的步伐，魔鬼必定驱使谁干丑事。

3. 三思而后行

什么叫三思？三思就是思危、思退、思变，知道了危险就能躲开危险，这就叫思危；躲到人家都不再注意你的地方，这就叫思退；退下来就有机会，慢慢想自己以前哪错了，往后该怎么做，这就叫思变。"三思而后行"就是说，我们在做事之前，注意力至少要放三个以上的框架来得出结论，判断这件事该怎么做，这叫三思而后行。这样做出的决策，失误率就会明显降低。

对于"三思而后行"，我们还需要从另一个角度去思考。一个人做事的状态，什么样才算是成熟的，或者什么样的人才算是成熟的人。就是这个做事呀，特别容易冲动，这叫成熟吗？肯定不是。这个人做事呢，又特别谨小慎微，这都不是成熟的人办事的状态。《论语·公冶长》中有："季文子三思而后行，子闻之，曰：'再，斯可矣。'"第一句的意思就是说鲁国的大夫季文子呀，他做什么事情，三思而后行，做什么事情都会思考一遍又一遍，然后再去行动。这个三，你可以理解为三次，也可以理解为多次、反复地思考。"子闻之，曰"，就是说孔子听说了这件事以后说："再，斯可矣。"说不需要思考那么多，"再"的意思就是两次，不需要三次，能思考两次，过两遍就可以了。反反复复思考那就会错过很多的机会，没有必要那样，太谨小慎微了。你看，孔子作为一个有道之人，作为一个圣人，他能够对季文子的三思而后行，明显提出了一个批评或者质疑，不赞成。我们今天听到这个三思而后行，是一个褒义词，往往都作为长辈或者老师、父母教育晚辈教育孩子的一句话："做事要三思而后行。"其实，做必要的思考、必要的设计、必要的考虑，这是没有问题的。但是如果我们做任何事情都是谨小慎微，都是反反复复地考虑，都像有一个标准答案一样，这势必会失去很多的机会的。特别是战争年代，这个打仗，尤其在两军对阵的时候，机会都是稍纵即逝。今天，在市场经济下，竞争如此激烈，很多的机会也是稍纵即逝，人生成长的道路当中，很多的机会稍纵即逝。说机会是留给有准备的人。你是准备了，但是机会来了，你真的能瞬间抓住吗？人们说，过了这个村就没这个店，是啥意思呀，就是说机会来了以后，不要思考太多，抓住它，否则就可能造成遗憾。

假如一个孩子突然落水了，那你作为一个会游泳的人，你还需要去思考吗，这个水深不深呢，我下去以后有没有风险啊，假如我救不上来，人们会怪罪呀，对我自己会不会造成伤害呀，等等。当你考虑完这些问题的时候，这个孩子可能已经淹死了。但这个时候你会看到，更多的人都会毫不犹豫地跳下去，捞上来再说，在那个时刻他根本就没有考虑过。如果还是三思而后行的话，那不就有问题了吗？

所以在现实生活当中，我们讲必要的思考，我们讲必要的计划，是可以的。但是呢，如果过于谨小慎微，反复思考的同时势必会丧失很多的机会，这个度你应该通过自己的认知和权衡来抉择。在新时代下，"三思而后行"这句话，我们应该给予更全面更完整的理解和诠释。

五、常保持阳光心态

你可能会说，我已经到了不惑之年，怎么可能还在阳光少年时代，18 岁才是充满阳光、充满朝气的，我们这样的年纪就那样了，不期待什么了。我想这不是你的心里话，因为我相信你跟我一样，对未来充满期待，有一种不服输的精神，心态永远在 18 岁，充满活力，充满希望，去做一个心态阳光的人吧。

1. 做一个心态阳光的人

不为往事扰，只愿余生笑。这就是人生的淡然和潇洒，人的一生要做一个心态阳光的人，做一个积极向上的人，做一个淡然心静的人，做一个快乐惬意的人。一辈子不算太长，少则几十载，长不过近百年，所以活就要活得快乐、活得舒坦。生活中有许多让我们赏心悦目的事，看花好月圆，听流水潺潺，读墨香书卷，品淡淡茶香，做自己喜欢做的事，爱自己想爱的人，抛却一切的恩恩怨怨，忘记所有的烦恼忧愁，心中皆是愉悦，脸上全是笑容，是不是很美呢？

阳光心态是一种积极、乐观、宽容、感恩和自信的心态，是一个人健康的标准和成功的基石。只有拥有健康心态，一个人才能更加乐观积极，才能释放出像阳光一样的能量，并最终走向成功。

下面给大家讲一个毛驴的故事。

有个老农牵一头毛驴走在田边，没看到那块田边有一口枯井，毛驴"嗵"的一声掉到枯井里面去了。人们赶紧用棍棒撬、用手抬，用绳子往上拉。折腾了几个小时，都没有把那头毛驴拉上来。最后，老农说：这头毛驴有残疾，而且还有病，又老了，抬上来也没有什么用了，折磨了它几个小时，算了吧，不要再让它这么痛苦了，干脆把它活埋算了，顺便把这井口给堵死，避免以后再害别人。于是，他们七手八脚地把这口井堵死了，最后当他们不再往里扔土的时候，人们发现这头毛驴的耳朵露出来了。毛驴的耳朵为什么能够露出来呢？原因很简单，上面扔的土，有一些土打在毛驴的背上，毛驴只要轻轻地一抖，土顺毛驴的两侧滑到毛驴的脚底下。毛驴不断抖，不断抬脚……扔下来这些土都变成它脚底下的垫脚石。

这个故事告诉我们：人这一生你所面临的一切问题、麻烦、困难和挑战，经过你的一转化，他都会变成你成长的垫脚石。

重要的是这头毛驴有阳光心态。所以，不管别人如何对待你，不管世界如何对待你，不管你身边的领导同事如何对待你，你永远保持阳光心态，像这头毛驴一样不断挣扎，不断往上爬，不断挣扎，不断往上爬，你总有一天会成功的，心存阳光、必有诗和远方。

2. 阳光心态可以让人年轻

人永远都不要让自己的内心生活在阴暗当中，我们看过的那些仙侠剧或者电影，或者动画片，那些神仙，他们都住在阳光明媚、风景如画的地方。相反的，那些魑魅魍魉是不是都居住在黑暗当中？你看那些在黑暗当中和阳光中的，是不是两种心态呢？所以人一定要让自己的内心活在阳光下，活得坦荡，有什么事情我们可以把它讲出来，而不要埋藏在心里，活在阴暗当中，我们一定要活在阳光下。如果你是积极的阳光的，你身体所有的部位，都在配合你，如果你总是负面的、抱怨的、消极的、怨恨的，你身体所有的部位也在配合你。所以，你得保持一个良好的心态，保持一个阳光向上的态度。你看，有很多人看上去总是无精打采的样子，就是因为心态不好，所以做什么事情总是没有力量的，总是不积极的，总是悲欢的，所以你的精神状态就变成那个样子。我们要以从容的心态去面对，我们越从容，那件坏事情它就越不会发生。

拒绝活在过去，对所有的新鲜事物保持好奇感。一个人的老，不在于生理年龄，而在于你的心态，就是你觉得你老了，整个人就颓废了，容貌也就衰老得快了，那什么时候会容易觉得自己老了呢？比如你脸上的笑容越来越少了，眉头越来越皱了，对任何事物都不感兴趣了，再也不在乎自己的形象，总觉得自己委屈吃亏了或者被轻蔑了，这些表现说明你老了。但这样就不能改变了吗？完全可以，你要努力走出来，保持心态阳光，不再愁眉苦脸，把最美好的笑容挂在自己的脸上，只要还活着，只要还有自由，只要你可以接受现在的一切，就从头开始，不抱怨命运的不公，不惧怕生活的压力和债务，正确地看待自己，相信自己，相信由内而外的美丽，相信你可以更有活力。只要你充满活力，你就会越来越年轻，成为生命的主宰者。拒绝活在过去，对所有的新鲜事物都保持好奇感。

3. 如何保持阳光的心态

一个人要保持阳光的心态，需要学习自己感兴趣的课程，学习可以激发人的内在动力和追求理想的力量。由于工作压力大，生活节奏快，人们难免会出现一些不太愉快的情绪。这种原因既有主观因素，也有客观因素。无论如何，保持阳光的心态对我们来说很重要。那么，如何保持阳光的心态，提出以下几点。

第一，热爱学习。

一个人要保持阳光的心态，需要学习自己感兴趣的东西。学习时可以激发内在动力和追求美好向往的力量。此外，学习还可以激发你对生活的热情和对美的欣赏。

第二，培养兴趣爱好。

一个人要有阳光的心态可以从发展自己的兴趣开始。爱好可以显示你的长处，培养你专注于一个领域的耐心。一个人有了兴趣爱好，人的心态就会变得健康明朗。

第三，参加户外活动。

户外活动可以帮助人们保持一个阳光的头脑和健康的身体，散步和慢跑都是很好的户外活动，同时还可以欣赏美丽的风景，这也是一件很开心的事情。

第四，多沟通。

人与人之间的沟通是一种重要的交流情感和保持联系的方式，尤其是那些有着相同兴趣爱好的人经常交流和分享一些有趣的事情。随着人与人之间的交流越来越多，人们自然会有一个阳光的心态。

第五，学会减轻压力。

很多时候，人们处于压力之下，却无法找到有效的解决方案。压力其实来自人的内在心理因素，也许是因为紧张、烦恼的原因。因此，我们面临着考试的压力，需要做好充足的准备，放松自己的身心。人们应该勇敢面对压力，而不是在压力面前无能为力。

我们人生中大多数的问题和烦恼，其实都是因为视角和关注点不对所导致的。很多时候只要你换一个角度去看，你就会发现这个问题自己就消失了，根本不需要去解决。任何事情都有好的一面和不好的一面，如果你看到的总是不好的那一面，那么你的生活中难免会充斥着不满和抱怨，但如果你总能看到好的那一面，那么你就会活得积极乐观。

很神奇的是，一旦你拥有了积极乐观的心态，你会发现，自己不仅少了很多烦恼和焦虑，而且，很多事情都开始往积极的方向发展，比如和家人、朋友的关系变得更融洽了，行动力也变得更强了。所以，如果你真的想让自己变得不一样，我觉得，最有效的方法就是从转变心态开始。

当人们遇到情绪困扰的时候，如果能够把感受变成文字，或者只是简单地把它说出来，就能在很大程度上帮助调节情绪，让自己感觉好很多。这就是写日记的意义和价值。不过，写的时候要避免抱怨，只需把事件和自己的感受如实地写出来就好，比如发生了什么，这件事情让我当时产生了怎样的感受。

把事件和感受写出来还有另一个非常重要的好处，就是利于我们对认知重新评估，具体来说，就是通过改变自己的视角，让自己对那些原本会令我们痛苦或者沮丧的事物的体验发生变化。

举个例子吧，假设今天领导批评了你，说你某件事情做得不好，你可能会本能地把批评看成是对自己的否定，并因此而感到很沮丧和羞愧。但如果你能换个角度看待，把它看成是进步和成长的机会，那么你就不会有消极情绪，而是会去思考怎样从中获得成长经验，以便下次做得更好。

其实，人类的大脑天生就偏向消极。也就是说，相比积极信息，大脑会对消极信息更为敏感，也更容易从消极的角度去解读发生的事情。要知道，在自然环境中消极信息通常意味着威胁，如果没有立即注意到这些威胁，我们很可能会因此有危险。虽说积极信息对长期生存和发展很有价值，但对眼前的生存影响不大，正是因为当下的生存比长远发展更重要，大脑才会把更多注意力资源分配给消极信息。

然而，在日常生活中，我们是很难意识到自己有消极思维倾向的，但如果有了写日记的习惯，就会有意识地去审视和调整自己的思维倾向，训练我们大脑的潜意识，从更加积极乐观的视角去看待生活中发生的事情。这种思维习惯一旦养成，以后不管遇到什么事情，我们都会很自然地从好的一面去看待。

我们还可以培养感恩的习惯，比如写下今天发生的一件值得感恩的事情，这件事情不需要是什么大事，任何平凡的小事都可以：他人一个温暖的微笑或者一句鼓励的话；那些平时被我们忽略了的家人的关心和照顾；我们习以为常的东西，比如健康、平安、阳光、空气花草树木等。

感恩练习能够有效地提高一个人的幸福感和生活满意度，也会让人变得更加积极乐观。这其实很容易理解，因为感恩会让我们有意识地去关注生活中那些美好的事情，如果我们眼中看到的是美好，那么我们心中自然就会充满积极的能量。

六、自我暗示的力量

前面我讲过，你的注意力在哪里，能量就在哪里。当我们注意什么东西，什么东西就会来到我们身边，因为我们的注意，它也是意识的产物。下面所讲的"自我心理暗示"，它也是注意力的另一种形式，因此如何运用"自我心理暗示"很重要。

1. 什么是自我心理暗示

不知道你有没有发现，不管是认知重新评估还是感恩练习，它们本质上都是在利用意识去影响潜意识。这是因为影响我们情绪和行为的主要因素并不是意识层面的思维，而是潜意识层面的思维。想要改变自己，光靠意识层面的想法是没有太大作用的，我们必须改变潜意识层面的思维才有可能实现自己想要的改变。

事实上，除了写日记这种方式，还有另外一个非常强大的工具，可以帮助影响和改变我们的潜意识，那就是自我心理暗示。

什么是自我心理暗示呢？简单来说，就是我们在内心自己跟自己说的话。你可能不知道，这个工具我们平时其实经常使用，但绝大多数时候，我们都是在无意识的状态下使用的，而且我们给自己的通常都是一些不好的心理暗示。当我们担心自己某件事情做不好的时候，我们会不自觉地在心里不断重复这样的话："我肯定做不好""我肯定会失败"。还比如，面对一件自己不愿意做的事情的时候，我们就会在心里暗自说："我真的好讨厌这件事情""我真的不想去做"。这些都属于消极的自我暗示，不仅对我们达成想要的结果毫无益处，还会激发出更多的负面情绪，给我们的行动带来阻碍。

要知道，信念的力量是极其强大的，因为你期待什么往往就会得到什么，这在心理学上叫作"皮格马利翁效应"。

2. 如何有意识地运用自我暗示

但是如果懂得如何有意识地运用自我暗示，那么我们就可以充分利用它来为自己创造有利于行动的积极情绪，朝着自己想要的方向前进。

具体怎么做呢？首先，不管做什么，你一定要弄清楚，自己为什么要做这件事情，以及自己想要得到的结果是什么。这两点很重要，因为在你动力不足的时候，你可以通过在头脑里回想，为什么要做这件事情，以及想象结果实现之后的情景来加强动力，这本身就是一种积极的暗示。

在做某件事情的时候，如果你感觉到内心有很大的阻力，那是因为你头脑里一直重复着消极的暗示。比如："我不想做""我等一下再做""我做不好"等。这个时候，你就要有意识地给自己一些积极的心理暗示，比如告诉自己："我想做""我现在就准备做""我要努力做好"。

值得一提的是，自我暗示的用词是非常重要的，千万不要对自己说"你必须"之类的话，因为这会让我们有种压迫感，很有可能会引发内心的抗拒情绪，而是要用第一人称"我"，要对自己说："我要……"这样的表达能够满足我们自主的心理需求，当我们告诉自己，这件事情是我们自己选择去做，而不是被迫去做的时候，我们的主动性会更强。

虽说这样的积极自我暗示或许不一定会让你立马行动起来，但最至少能够很好地降低你内心的抗拒情绪。只要你不断强化这种积极的暗示，等到这股力量大过你内心的阻力之后，行动就会变得没有那么困难了。

建议你每天一起床就能够进入到积极状态的练习，这个练习叫作"启动练习（Priming）"，它是美国最具影响力的人生激励大师托尼·罗宾斯自己创造和设计的一套方法，也是他每天起床之后必做的练习。实际上这个词是心理学上的一个术语，它专门用来描述这样一种现象，即预先的体验会影响之后的状态和行为，比如说，当你在电影院看完一部热血澎湃的励志电影之后，你会突然间觉得自己好像有了奋斗的动力，对自己更有信心了；当你某天心情特别糟糕的时候，你是不是会觉得好像什么事情都不顺，看谁都不顺眼？这些都是典型的 Priming Effect（启动效应）。

托尼·罗宾斯设计的启动练习就是以这种效应为基础：既然我们的状态和行为会不自觉地受到预先体验的影响，那为什么不把这种心理效应充分利用起来，为自己服务呢？假如我们能够在这一天开始的时候，主动为自己创造一些积极美好的体验，那么接下来的一天岂不因此而受益？

这个练习的具体步骤如下，我在托尼设计的练习基础上进行了一些调整。

坐下来：找一处相对安静的地方，坐好。双脚放在地板上，肩膀向后，胸口向上，颈部伸直仰头抬高。

呼吸：调整你的呼吸为深呼吸。呼吸的时候，可以把一只手放在胸前，感受心脏跳动的力量。进行 3 组呼吸练习，每组 10 ～ 15 次，组之间暂停 1 次。（建议时长：2 分钟）

感恩练习：想想值得感恩的 3 件事，它们可以来自你的过去、你的现在或未来，不需要是什么改变你人生的重大事件，任何小事都可以，比如过去鼓励和帮助过你的老师，家人对你无微不至的关爱，今天美好的天气。深入第一件事情的想象画面，大约 1 分钟后，转到第二件事，然后转到下一件事。

自我疗愈：现在是关爱自己的时候了，你可以想象一束光芒照在你身上！填满了你的整个身体，治愈了你身上所有需要治愈的地方，把你心灵深处的伤痛和恐惧全部都带走，然后尽情感受你身体和心灵被光填满时的舒适感。

3. 自我暗示的力量超级强大

心理暗示也就是潜意识的力量，当你想象的无比清晰并且坚信它就是真的，它真的会你所愿。如果你暗示自己不行，做不到，我很倒霉，那你真的会成为这样的人，如果暗示自己我可以没问题，小菜一碟，我真的很幸运，久而久之，这个信念就会植入到我们的自己潜意识，潜意识的力量超级巨大。

瑞士心理学家卡尔·荣格曾经说过："潜意识正在操控你的人生，而你却称其为命运。"想要改变命运就要改变潜意识，你有哪些要植入潜意识的信念或者想要实现的愿望吗？大胆地说出来，将这些信息植入到潜意识当中去，快速实现自己的愿望。

七、突破认知的边界

　　每个人都有认知局限，你我都不例外，前面讲到认知分为六个层次（一至三层是环境归因层，行动归因层，能力归因层，四至六层精英认知层，明确自己的身份定位，精神层），认知处在一至三层的，就像拉磨的驴一样，自认为在勤奋前行，实际上是在原地打转，常常陷入无解的死循环。如果想要成功破圈，一定要接受来自更高认知层级（四至六层）的人指点，他们能够向下兼容帮你看到真相，帮你找到"穷、胖、累、忙"的根本原因，帮你走出无解的僵局，使自己也成为认知高层次的人。因此我们要突破自己认知边界，提高自己的认知层次，去实现自己的梦想。

1. 什么是认知边界

　　认知边界就是一个人的认知极限，我们每个人获取的知识不同，认知范围也不同。当我们遇到无法接受的知识与想法时，便是超出了我们认知边界的内容。因此，我们应当不断扩充我们的知识体系，这样不至于在我们遇到反对或不同的声音的时候，不假思索地挑战这个我们之前不了解的内容。这也是为什么，知识体系越庞大的人，思想越先进的人，对事物的包容度更大的原因。

2. 只有1%的人才能看清真相

　　所有逆袭翻身的人，无一例外，都是突破了自己的认知边界，99%的人根本意识不到,这到底对你有多重要。下面我给大家讲出来，希望你能悟懂，可以提高认知，同时也能让你的收入翻好几倍。首先我们要清楚，这个社会存在着不同的社会规则，然后形成不同的人群，产生的认识边界，比如工人、农民、商人、机关干部，他们各自的规则都不一样，收入肯定也有天壤之别。而如果你想突破自己的认知边界，让收入大幅度提升，我们就必须弄明白，规则是怎么被制定的。

先说认知边界怎么发生的？举个例子，你看农民的认知就是春耕秋收、养牛放羊，他们所有的知识都是怎么去种地，怎么样处理收获到的粮食；而工人的认知是怎么去拧螺丝，怎么去操纵机械，怎么样提高生产效率。当然你像白领、老师、商人，社会每个层级的人都有他的认知边界，这和他所处的社会角色是息息相关的，这些边界限制了他们认知的拓展和延伸。比如说老李头，看到村里的读书人，心里瞧不起，觉得他们细皮嫩肉也没力气，干不了活，百无一用是书生。再看小王，在工厂里边是一把好手，业务做得特别好，车间里的人都尊称小王一声王哥。老李头同样也看不起工厂里那些做文职的和管理的，技术啥的都不懂，一天到晚就知道瞎吆喝，这就是明显的认知边界对自己造成的影响。对于一个拿锤子的人来说，全世界都是钉子，所以说人都活在一个有限的范围里，这个是生存的物理世界，在这个边界里边有固定的生存规则，大家都按这个规则去办事儿，也按这个规则去思考，这样才能获得生存的安全感。但是与此同时，他们的认知边界也就形成了，大部分人都走不出这个认知边界，就算偶尔身体出去了，看到了不一样的东西，可能还是会用原有的认知来解释，就像井底的青蛙一样，目光短浅，就算看到了外面的天空，还是认为天空跟井口是一样大的。

我们再继续深挖，就是人为什么会有认知边界，是怎么发生的呢？答案是存在着不同的社会规则，当规则被制定出来的时候，认知边界就开始形成了，你比如说农民，他必须种地才有粮食吃，才有钱赚，在这个规则下，怎么种地？怎么能有好的收成，成了老李头的认知边界。而工人，必须得会拧螺丝才能生产出东西，才有工资拿，在这个规则之内，怎么拧好螺丝成了小王的认知边界。同样的，像公司里边的白领被限制在公司的规则里边，他们可能对种地、拧螺丝是不屑一顾的，他们只对升职加薪，团队怎么管理，怎么跟领导相处更感兴趣，也就是说，当一个游戏规则被制定出来的时候，这个规则之内的人，就被套进了一个认知框当中，你仔细想一想，你身边的人有不同的认知边界，是不是都跟他所处的游戏规则密切相关的。重点来了，就是当我们能看清楚一个人的边界在哪，就能明白这个人的游戏规则。一样的道理，当我们能看清楚一个组织的边界在哪儿，我们就能弄明白，这个组织的游戏规则。当我们能看清楚一个人的边界在哪儿，我们就能弄明白这个社会的游戏规则，把规则弄明白了，才能利用规则去收获自己想要的，能听明白吗。

3. 成长是不断打破认知世界的过程

先给你讲一个《海龟和青蛙》的小故事。

> 井底的青蛙问海龟说："你是从哪里来的呀？"
> 海龟说："从大海来。"
> 青蛙说："大海有多大呀？"
> 海龟说："大海可大了，你游一天一夜也游不过去，也不能游到对岸。"青蛙听了非常生气，说："骗子，你是个骗子，我活了一辈子，怎么可能会有那么大的水坑呢！"

这个故事给了我们这样的启示：实际上每个人都有自己的认知局限，有自己的认知边界的。有认知局限呢，并不可怕，可怕的是自以为是。很多人，他会觉得你在忽悠他，实际上有的时候，你认为的不可思议的是别人认为的"小意思"。愚蠢的人会排斥放大他的认知边界的人。甚至有的人，把不符合自己想法的观点，认为是对自己的否定。实际上，人成长的过程就是不断地放大想法，扩展认知边界的过程。

每个人都有不同的认知世界，所有的成长都是不断地去打破这个边界，或者不断地去向外扩大这样的一个边界。你会遇到什么与你原有认知是不一样的东西，成长才会慢慢地开始。所以，当你遇到与你原有观点相冲突的，请千万不要抬杠，搞不好，这个点就是你突破认知世界的那个点。你要先好好静下心来，思考这个观点的合理性和适用范围，不要搞对立，也不要想着去证明这个观点是错的，自己是对的。否则，你永远都是现在的你，你的认知范围也就一直这么大。有句话说得好：你永远赚不到你认知之外的钱，除非靠运气，但是靠运气赚来的这一部分钱呀，也会凭你的实力亏掉。

4.突破认知壁垒

人只要突破了自己的认知壁垒，找到规律最后的结果，运气都不会太差。所有的职业和社会角色，都有他的认知世界，这决定了一个人认知的局限性，而此刻的认知，又决定了一个人今后的社会层级，正如前面讲到的，一个农民只会关心今年的收成好不好，粮食能卖多少钱。超出这个赚钱的范围，他不知道也不相信，这时候你会发现，靠劳动去交换生活资源的人，很难去思考分配资源的事情，他们既想象不到，也不敢去想象，这就是他们的认知迷雾。除非有外部力量去打破，否则绝大多数人一生只能原地转圈，无法突破，而且当人的认知低到一定程度之后，不仅不会有困惑，反而会特别自信。当一个人拨开那层认知迷雾，就等于他面前展开了一面新的认知地图，世界变得更加清晰，很多的事情也变得更加的简单。所以想要突破认知的迷雾，既要保持空杯心态，又要防止被割韭菜，最好的就是跟着有成就的人，不要用你的认知去判断对错，听话照做就是。

02

环境是成功的基石

一、人是环境的产物

朋友，你好。欢迎你走进第二章，与我一起共游在能量强大的文字里，感谢你能阅读到这里，希望我的某一句或某一段话能给你带来启示、感悟或者一股力量，改变你成为愿望中的那种人。相信自己，你会满足夙愿的。

当你看到第二章的主题是"环境"时，是不是会认为跑题了呢？

那我告诉你吧，并没有。为什么我会单独用一个章节的篇幅写"环境"，那是因为人的环境与自己成为什么样的人关系太密切了，所谓"近朱则赤，近墨者黑"，你一定要坚信这个道理，并提醒自己要处在有利于自身发展的人生环境里。说了这么多，你明白我的用意了吧。

1. 认知是环境的产物

有什么样的环境，就会造就什么样的人。为什么呢？因为环境决定一个人的认知，认知决定思维，思维决定行动，是不是又回到主题"思想、思考、心念"上来了呢？你是不是会说我："呵呵，你真会绕。"或许你在暗地里默念认可我。不过，确实是这个道理。

其实，我在第一章第二小节"认知决定高维度"里讲到过"环境影响认知"，我写了这么一段话："每个人的生活环境不同，它的认知就不同。所以，每个人的认知是从别人那里获取的，一部分选择相信，形成了自己的认知，一部分选择不相信，也形成了自己的认知。因此，你的认知是从你的环境里得来的，从获得的信息中过滤自己相信的东西，这才形成自己的认知。"

如果你没有印象了，可以回过头去重温一遍，加深你对环境重要性的认识。

2. 人处在的环境有哪些呢

大致分为家庭环境、工作（学习）环境、社会环境。

家庭环境对一个人的成长发展影响是非常大的，家庭里发生的事情，家庭成员的行为习惯，家庭的健康和文化等对家庭的每个人，特别是对于孩子的价值观、行为模式和人际关系都有重要影响，一个好的家庭环境能够影响人的一生。

家庭环境有软环境和硬环境。软环境指家庭的心理道德环境，主要涉及家庭氛围、亲子关系、父母的教育方式等，直接影响性格的形成、人际关系、行为方式和心理健康。硬环境就是家庭资源，家庭所必需的物质和精神上的支持，即经济、情感、健康。一个家庭可利用的资源越充足，则越有利于家庭及其成员的健康发展。

工作（学校）环境。对成年人来说，工作或参与劳动的场所就是工作环境。工作单位的领导或老板、同事、办公条件、工作氛围等，会对人的职业发展、心理健康等产生很大影响，好的单位给人舒心、快乐、健康的心态，反之让人压抑，不堪忍受，工作环境层次太差，你的烦恼就会特别多。低层次的工作环境的人，大部分的情绪化比较严重，玻璃心比较严重，动不动就说你瞧不起人，然后就上纲上线。

对于学生来讲，在校园学习生活的地方就是学校环境。很多家长都认为，学习成绩的好坏，全部都是学校的原因。因此，很多家长不惜重金购买学区房，也要把孩子送到自认为好的学校。学校环境确实对学生的成绩有重要影响，比如整个学校的学习风气，学校老师的教学水平，不同的学校不一样。这一点，在高中阶段尤为突出。确实，好的高中，名牌大学的录取率也高。所以学校的学习氛围如何、孩子和老师之间的关系如何、和同学之间的关系如何、这些很大程度上影响孩子的学习成绩。一个孩子喜欢一个老师就喜欢这个老师所教的学科，如果喜欢语文老师，就对语文感兴趣，语文成绩就比较好。由于不喜欢某个老师，就对这个老师所教的课程就不感兴趣，导致这门学科成绩不理想。

社会环境涉及面广，可以这样说，除了家庭环境、工作（学校）环境以外的一切活动所处的环境。它包括政治环境、经济环境、法治环境、科技环境、文化环境、卫生环境、语言环境、社区环境等。社会环境对职业生活甚至人生发展都有重大影响。我们所在的朋友圈，也属于社会环境范畴。一个人所交的朋友对个人影响也是很大的。

3. 情绪受环境影响

其实，人都是情绪的产物。情绪是受什么影响的呢？一定是受环境影响，跟一群有正能量的人待在一起的时候，你一定是积极向上的，但是你整天跟一群负能量满身的人在一起，你一定是低沉的。就像很多成功的企业家，都会去一次沙漠戈壁，比如王石，他找到一种状态的时候就会去沙漠，他还爬过珠穆朗玛峰。刘强东走过中国所有的沙漠，说在沙漠里会找到一种禅定的状态，回归到自己那种清净，然后做出清晰的判断。其实包括走沙漠的这群人，都是我们重要的环境的产物，因为他的磁场和能量，都特别高，每个人都是积极向上的，都会为了一个共同的目标去坚定前行。所以在这一群人当中，你会找到自己第二次重生的力量，会跟这群志同道合的人，为了一个共同的梦想去全力以赴，当你把这种精神和力量，融入自己的人生当中，你会找到那种特别有效的方法论，同时你也可以找志同道合的人去支持你完成一项第二事业的提升和发展。所以，为什么每个人都会找一群人走这趟大漠戈壁，就是这样，在这里见天地，见众生，见自己。

4. 对的环境才能滋养你

人是环境的产物，猪圈里养不出千里马，花盆里种不出万年松。千里马在猪圈里待久了只会哼哼，只有在马群里跟着更多的马才能奔跑。你是不是觉得，现在我们长大了反而忘了这个道理呢？记住，什么时候都要远离负能量的人，跳出让你消沉的环境。为啥小时候父母不让我们跟坏孩子一起玩，因为负能量会传染，懒和坏会侵蚀正能量。龙生龙，凤生凤，老鼠的儿子会打洞。跟什么人学什么就像什么。人是环境的产物，你要想成为什么人，就要找到什么人，只有对的环境才能滋养你，只有对的伙伴才能带动你。

5. 同一人在不同环境的显相

人是环境的产物。这句话，我在这一章节里反复强调，目的在于加深理解环境对人的重要性。下面我们从另一个角度来阐释它。人在什么样的环境就是什么样的显相，在什么样的位置就做什么样的事儿，在什么样的环境就扮演什么样的角色。其实我们很多人都忽视了这一点，包括我自己。比如说，你是一个公司的老总，公司的人都敬畏你、尊重你。回到家后，你依然是一副老总的心态，请问，你的家庭会变成的什么样子？所以，我们在什么样的位置做什么样的事儿，在什么样的位置就选什么样的显相，这就是觉醒开悟之后的智慧人。你看看周围，很多人做事情说话不讲场合，最后众叛亲离，真正学会做智慧的人，就是在什么样的场合讲什么样的话，在什么场合显什么样的相。假如你是一个教师，你在讲台上的时候，你就是老师，在家里的时候就是丈夫、父亲、儿子。你是你老婆的老公，是儿女面前的爸爸，父母面前的儿子。你是什么身份的时候，就说什么样的话、做什么样的事儿，自然而然，你的心就会很舒服，没有那么多压迫感，同样呢，身边的人也会很舒服，所以你能不能让别人喜欢的要素就是你能不能让身边的人都很舒服。

6. 开悟觉醒认知环境

"人是环境产物"，这句话一点都不假。你看那些20多岁就名利双收、出类拔萃的人，他们的背后，你们认认真真想想，有哪个是简单的。而那些30多岁才开始有所起色的人，基本上都得要走十多年的弯路，才能熬出头。绝大多数人都是靠父母的言传身教，才学会了正确的谋生，也有极少人，在父母身上学不到任何东西的，只能靠在当下的这个快节奏社会中，快速拉升自己的认知。但能做到的有几个呢？所以如果父母教不了孩子，那孩子走进社会后，大概率会成为社会上轻易让人摆布的工具人，在认知不够的时候，你想要强行地去突围，那么只能成为别人镰刀下的亡魂。如果你和你的家族里面有经验比较丰富的人，比如说经商的或者从政的，并且和你的父母关系都还不错的情况下，人家愿意拉你一把指引指引你，那你至少还能少走10年到20年的弯路。但如果家里面就是普普通通的，所有人都是在极其平庸的情况下，如果你自己没有开悟的能力，那这条路你不走，就是你的孩子去走。

二、选对环境跟对人

跟什么样的人在一起，就有可能成为什么样的人。你跟一个亿万资产的人混在一起，有可能会变成一个千万富翁；你跟一个乞丐混在一起，想一想你就知道自己会变成什么样的人。所以，你一定要和成功人士在一起，要和有钱人在一起，要跟积极向上的人在一起。这一章，我们就从李斯的故事谈起吧。

1. 李斯的故事

人生成功的秘诀就是选对环境跟对人！

　　秦国有个丞相叫李斯，李斯以前是一个小地方守粮仓的小官。有一天他闹肚子，匆匆忙忙去上厕所。古代的茅厕不像现在是马桶，那时候就是挖个坑，上面放两块木板，人蹲在上面就解决了。恰巧这时有只老鼠在木板上觅食，见到李斯跑来就很紧张，慌不择路就掉进粪坑里淹死了。李斯看见后，心里五味杂陈，因为他发现自己在守粮仓时，看见粮仓里的老鼠吃得胖乎乎的，而现在厕所里的老鼠居然掉粪坑里淹死了。他问自己，同为老鼠，咋命运差别那么大呢？他想，同为人，怎么地位差别那么大呢？我天天在看粮食，自己还吃不饱，我不就是粪坑边的老鼠吗？由此他得出结论，不管是老鼠或者是人，命运不同，其实就是一个场所问题。从此，李斯携妻子老小驾着小破车就到秦国去了，找到一个达官贵族，到人家那里先做个打杂的，后来当个食客。食客就是帮人家出点子，当参谋。后来慢慢获得达官贵族的认可，受到皇帝的赏识，开始出任一个小官，慢慢就变成大官，最后变成秦国的宰相。

　　所以人的成功路径是不一样的，假如你生在贫穷家庭，那你可以选择离开老家。当你离开老家走到外面去，你会发现人移活，树移死。出路出路，没路的时候出去才会找到路。如果你生在一个有钱的家庭，可以利用你父母亲留下来的江山和基业，学习经商，你可能比你父母亲更加厉害。假如生活在一个官宦之家，我们可以利用这个台阶广交人脉。其实每个人的人生成功，他都是要精心设计的，所以绝对贵族不是一代两代成就的，都是经过几代人的努力，任何一家族的兴旺发达，都是几代人的付出。总之，关键词是要选对环境，要跟对人。

2. 跟对人是人生捷径

跟对一个人很重要，跟上对的人是人生的一大捷径。人生就是三个阶段：第一个阶段就是跟随成功的人，第二个阶段是和成功的人合作，第三个阶段是帮助更多人去成功。当你达到事业顶峰的时候，依然要去关心后辈的成长。

领导力是什么，领导力就是一种影响改变他人的能力，好的领导是强势一点好呢，还是民主一点好，这些都是表面的东西，这个领导好不好，核心的东西就是他能不能够使你成长，不要看领导脾气差，其实脾气好脾气差不是最重要的。有很多的领导很温柔，貌似很关心下属，但是那叫小恩小惠。真正的大领导，他一定是对结果负责，所以他不会用小恩小惠去管理员工，而是设计好他的文化，向善和向上，设计好机制，让人愿意干，能干并且干出结果的人，拿到好的物质回报，拿到更多的精神奖励，所以他愿意去成就更多的人，愿意让更多的人在这个平台获得更大的成功，这才是好的领导。跟这样的领导干事业，你的人生才会精彩。

成功离不开跟对人，优秀是可以相互传染的。一个人所谓的能力，没有相应的平台，基本发不出声音，所以要跟对人。像顾娉娉和陈磊他们跟着黄峥一样，像黄峥、陈明永、沈炜跟着段永平一样。在很多人眼中啊，拼多多还是个"上不了台面的东西"，黄峥只是刚好踩到了消费降级的风口上，投准了大众爱占小便宜的喜好，算不得什么英雄好汉。我们不讲黄峥是如何创业的，但要告诉你，他的贵人是段永平。他们是浙江大学的校友，段永平是浙江大学82届的学长，而黄峥是浙江大学少年天才班的，没有段永平就没有黄峥，就没有拼多多，他是黄峥的早期投资人，一路扶持黄峥成长。

不知你有没有想过啊，有时候跟对了人，结果会更好，拼多多上市当天，造就8个亿万富翁、50个千万富翁、240个百万富翁。

跟着黄峥混的这些人啊，吃饱了时代的红利，实现了财富自由。几年前的阿里上市的时候呢，当时造就了至少 40 个亿万富翁。

3. 为什么要学会选择环境

张爱玲说过，我怕的不是身处的环境怎么样，遇见的人多么可怜，而是久而久之，我已经无法将自己和他们界定开了。

这是我们多数人的无奈，生活不是眼前的苟且，还有诗和远方。但是多数人选择还是苟且，多数人没有诗和远方，所以更谈不上选择，不管经历了多大的苦难和磨难。夜深人静的时候，太多的人也会想，这不是我喜欢的地方，但是，这又是自己离不开的地方。不管怎样，我们一定要知道，你不喜欢又离不开的地方，这是不是像监狱呢？所以我们每一个人，几乎都活在自己给自己设限的牢笼当中，这就是我们多数人生命的悲哀，我们这个生活呢？依赖别人，你就不要指望赢得别人的尊重，你只有人格上、生活上独立了，慢慢地才能赢得别人的尊重。这些我们都应该考虑到。太多的人，他又想依赖身边的人，又想让身边的人尊重他、成长自己，这是不可能的事。太多的人内心想过与众不同的生活，但是又特别喜欢用世俗的标准来衡量自己，又不敢和世俗不一样，这在逻辑上很难成立。对于这个事，我们应该得出这样的结论：当我们不顺利的时候，特别大学生毕业的时候，工作的企业不好，跟的领导也不好，你要有自我选择、自我判断的能力，这个必须要有。你要有自我选择、自我判断的能力。如果没有，那就麻烦了，晃悠三年五载，大部分奋斗的时间已经耗完了，你没有选择换工作单位，然后再过三年五年，这辈子基本定性了，没有从头再来的可能。

那老油条就是刀枪不入，什么话都听不进去，什么都懂，但是他什么都做不成。我相信你身边有很多这样的老油条，说起来头头是道，整个社会都欠他的，但是他百事不成，所以建议你不要成为这样的人，也不要跟这样的人混在一起。要想让自己优秀，你就学会选择环境，远离平庸人群，人生的路选对了，你的人生才精彩。

4. 要成功就要选对环境

环境会潜移默化地改变一个人，要成功，就要选对环境跟对人，这很重要。如果你人到中年仍一事无成，这一辈子对自己还不甘心，而且还想往上混，那就永远记住选对环境跟对人。第一，一定要和成功人士在一起。第二，一定要和有钱的人在一起。第三，最差也要与一个积极的人在一起。一颗种子如果放在杯子里面，它可能就是一个豆芽，如果放在盆里面，它可能长成了一个盆景，如果放在森林里面，它可能会成为一棵参天大树，说明你自己所处的环境极其重要，你要做的不是能鹤立鸡群，而是远离那群鸡。在鸡窝里待久了，你连自己有翅膀都忘记了。当你身边都是赌徒，你大概率会赌博；当你身边都是酒鬼，那你也会天天想喝两盅。人生能够成功的秘密就是选对环境跟人，尽量屏蔽你身边充满负能量的环境，远离消极怠惰的人。

三、环境比努力重要

"龙生龙，凤生凤，老鼠的儿子会打洞。"这句谚语不仅说明先天传承对人生的影响，我认为后天环境的影响可能会更多一些。前面讲过，人所处的环境非常重要，比如一个人是否孝敬父母，对待长辈是否尊敬有礼，将会直接体现在他的孩子身上。若干年后，孩子就会以当初自己的做法来反馈在自己身上，因果循环，分毫不差的。而一个家庭的素质和修养，在这个家庭的孩子身上就能够体现出来。当然，并不是说努力就不重要，其实在某种程度上，你处在不适合自己的环境里，你越努力结果反而更糟，更不是你心里想要的，《南辕北辙》这个寓言讲的道理在某种程度上与我们今天话题有一定相似逻辑，因此我们要充分认识到自己所处环境的重要性，选择适合自己的环境。

1. 环境大于努力

我再次强调，并不是努力不重要了，就不需要努力了。就整体而言，从客观角度看，环境比努力更重要，且其作用远远大于努力，它直接决定了人的格局、目标，需要付出多少努力和成本等。就个人而言，即从主观角度看，要优先了解自己所处环境，找到属于自己心中的目标，然后投入大量时间、精力、付出，都应该在努力实现这一目标上，因为对你个人而言，只有努力控制，才能达到理想目标。在这一点上，当你选择有了适合自己成长的环境，努力更重要，你控制不了环境，作为个人改变环境的难度和成本远远高于努力，甚至不可执行。这个时候，努力就特别重要，环境属于客观因素，是我们健康成长的基础和前提条件。努力属于主观因素，处于再优越的环境如果不努力对我们的学习也是没有帮助的。个人努力是改善社会环境的基础。我们没有忽视环境的作用，但环境不是从天上掉下来的，社会环境是由每一个单独的个体组成的，只有努力的人够多，我们才能实现社会环境的改变。即使面对走出内卷的命题，也是需要各行各业的人努力拼搏，努力寻找才有机会实现新的经济突破点，并不是环境自己突然变化。

通常你只能通过努力来融入新环境。人定胜天这种话，以及这类话，只能自己对自己说，也只有自己对自己说有正面作用，因为它本身就不是说给别人听的。人们只能靠努力改变自己，他人组成自己的环境，而自己是他人的环境因素之一。比如靠努力奋斗让自己变强，成为有钱、有文化、有智慧之人。

2. 选择决定成败

人与人之间比到最后，比的不是能力。为什么有些人年收入千万、百万，有人才十几万、几万了，甚至几千块钱，这是他们能力不同吗？我们再拿秦朝李斯看到的两只老鼠为例：一只老鼠在厕所，一只老鼠在粮仓。一个瘦小，天天担心任人追打；一个肥头大耳，自由自在。请问，这两只老鼠能力有区别吗？如果把在厕所里那只老鼠放在粮仓，粮仓老鼠放在厕所，有没有可能这两只老鼠会发生完全不同的结局。这两只老鼠的结局跟能力有关系吗？没有，半毛钱关系都没有。同样道理，一瓶普通的矿泉水，在地摊卖就卖2元，在五星酒店里可以卖30元，在沙漠里可以卖到2万，你信吗？为什么同样是一瓶水，价格反差如此之大。仅仅只是位置不一样而已。

所以你的成就跟身边的环境有很大关系。你身边的朋友全是吃喝享乐之人，你也好不到哪去。你的朋友全都是大老板，你也不会混得太差。所以你必经换环境，人生最重要的是选择，不是选择大于努力，而是选择直接决定成败。你知道很多人为什么赚钱吗？这是财商秘诀！宁可在富人堆里当穷人，也不要在穷人堆里当富人，要想成为百万富翁，其实非常简单。如果你进入了百万富翁的圈子，如果你身边有一百个人全是百万富翁，你跟他们天天在一起，你早晚会变成百万富翁，你的思维、你的能量都会改变。

3. 社交圈决定你的层次

每个人都有自己的社交圈，从社交圈就能看出一个人的品行性格和修养。人和人之间的差距，就在于身边环境和个人品行的不同。成长的环境不同，思想必然不同，谈论的内容也就不同。一流的朋友谈梦想，二流的朋友谈事业，三流的朋友谈事情，四流的朋友谈是非。

所以，你的社交圈，决定你的层次。物以类聚，人以群分，走进不同的社交圈，就有不同的收获；接触不同的朋友，就有不同的人生。走进干净的社交圈，收获赞美；走进污浊的社交圈，听到骂声。接触优秀的朋友，会有美好的前程；接触劣质的朋友，会有糟糕的下场。狭隘的社交格局，会拉低你的眼界，阻碍你进步；宽阔的社交格局，会提升你的眼界，带着你奋进；与不思进取的朋友在一起，拉低你的层次。和努力勤劳的朋友在一起，带动你的热情，让你步步上进。"画眉麻雀不同嗓,金鸡乌鸦不同窝""与狼成寇,与虎成王"。走进什么样的社交圈里，你就会有什么样的层次。人和人之间是互相影响的，书友的社交圈，引导你读书；酒友的社交圈，总催你干杯；牌友的社交圈，会诱你嗜赌。在长时间的潜移默化下，你就会有样学样，成为社交圈里的同类人。所以，择友一定要慎重，一定要选择对环境。负能量的社交圈，无须进；品行差的朋友，不必交。余生不长，交品行正的朋友，进干净的社交圈，提升你的层次，做最好的自己！

四、远离负能量场所

既然我们知道了社交圈的重要性，那就一定要走进干净的社交圈，接触优秀的朋友，远离那些不求上进的人，因为他们会拉低你的层次，让你不思进取，沾染恶习，所以你一定要远离带给你负能量的人。

1. 远离负能量的人

有一个心理学家叫塞尔耶，他拿老鼠做压力实验，他电击老鼠，然后观察它旁边的老鼠，旁边的老鼠没有受过电击，但是它的同伴（这只被实验的老鼠）每天都要被电击，每天都被电得很痛苦，在那惨叫。过了一段时间以后发现，没有遭电击的老鼠也出现了胃溃疡，就是因为压力大。这个说明什么呢？说明选择跟什么样的人待在一块儿很重要，如果你身边也有一些人整天紧张，压力大、恐慌、焦虑、抑郁，他是会影响到你的。他也会让你产生这样的状况，所以人和人之间要更多地传播正能量，而不要散播负能量。你接近什么样的人，就会走什么样的路。物以类聚，人以群分，远离那些负能量的人。如果你实在找不到适合自己的环境，不如独自过好自己的人生。

还有，在现实社会中，如果你看到虚伪的嘴脸总想怼回去，这不好，其实你没有必要去想他，去关注他。鬼谷子说："觉人之伪，不行之于色,吃人之亏不动之于口。"意思是说讨厌别人虚伪的一面，不要表现在脸上，知道自己吃亏了，长经验就好，不用去针锋相对，其实讨厌一个人的成本很高，不是因为它贵，而是你为此浪费的时间很贵，所以当你被伤害或被辜负，去争吵或想要和他理论，不但得不到好结果，反而使自己产生更大的消耗，只要莫不作声地远离，并以此为戒就好了。远离负能量的人，人生自然就顺了。

2. 负能量的人有多可怕

有人一身正能量，有人满身负能量。负能量的人最直观的表现就是自私，他们根本不会顾及别人的感受，把自己的坏情绪不断往外倒。在负能量的人面前，你稍微积极一点都有错，他们总能找到各种理由来打击你，甚至对你进行人身攻击，觉得自己好像掌握了人生真谛一般。他们长期在负能量的侵袭下，已经变得自私自利，根本不管别人的感受，一心只从自身出发。

负能量的人不但自私，而且还要强行同化旁人。他们就像一个黑洞，对身边的人都想吞噬，将所有的一切都要同化，只有变得跟他们一样充满负能量才罢休。在负能量的人面前，你有一点积极的想法就算异类，不将你对生活的希望消耗殆尽，他们是不会罢休的。负能量的人不仅自身如垃圾场，也要让身边的人都变成垃圾场，不断向外界倾倒垃圾，最后把大家都变得一样。

负能量的人嫉妒心强，见不得别人好，就算自己不行，也不能允许别人优秀，一旦看见别人过得比自己好，就会千方百计破坏、诋毁，直到把别人都毁灭才满足。负能量的人心胸狭窄，容不下不同的声音，更不会欣赏别人的优秀，脑子里只剩下损人利己的思想。

负能量的人对生活充满悲观，看不见生活的希望，即使别人对生活有积极的一面，他们也要努力掐灭。对于自身的境遇，负能量的人只能怪罪于运气不好，时运不济，从不愿付诸努力，一切都是上天的安排，甚至对于自身也没有清醒的认识，喜欢随波逐流，安于现状，沉迷于享乐主义。对世界对生活没有一点责任感。

更可怕的是负能量的人喜欢走极端。负能量的人喜欢走极端，特别是在生活遭遇挫折时，从此一蹶不振，沉迷于幻想中。如果自身有能力，便会把伤害他人作为自己生活的意义；如果自身无能的人，便只能随波逐流，浑浑噩噩地活着。

3. 负面的能量会影响健康

保证身体健康的第一步是远离负能量，千万不要把你的能量放在一些不好的事情上，放在一些诸如噩耗呀负能量的事情上，像视频当中播放的打架斗殴、骂人斗嘴这些。我不是让大家不要接触负面新闻，而是你首先要做到的是保护自己的能量，如果你本身就是一个能量很低，又没有安全感，情绪又很低的状态，你再每天去刷那些负面的文字，还有那些负面视频，真的对你的消耗和影响是很大的。当你能量不足的时候，身体健康真的容易出问题。所以保护自身能量的第一步，就是阻断和负面信息的链接，去做那些让你开心的事情，比如说和正能量的人在一起，吃健康的食物，运动，养花，看书，喝茶，下棋，晒晒太阳什么的，来到美丽的大自然，其实这比什么都好。

4. 心情压抑不能释放，身心健康就会受损

当我们心情压抑时，负能量一直堆积在身体里不能往外释放，从而影响我们的身心健康。负能量会把我们的注意力转向负面的事情，我们眼里看到的全是不开心的事。比如孩子的不懂事、爱人的不体贴，人际关系当中的信任危机等。当注意力转向这些负面的事

情，随之引发出的是我们对这些事情的看法，负能量会加重我们对这些事情的负面认识，就如像钻进牛角尖出不来了，不管自己还是别人怎么劝，我们会执着地认为，这个事情就是这样的。由此，我们会更多地体会到负面的感受，内心体验的全是烦躁、生气、失望、糟糕等不好的感受，加上纷乱而执着的思绪，我们会陷入一场无法描述的心灵泥潭。长此下来，心灵承载不了这么多负能量，而又不能往外释放，它就会慢慢地侵蚀我们的身体，各种疾病随之而来，头痛、心悸、胃痛、皮肤病，女性的各种妇科病此起彼伏。我们以为是身体病了，其实是情绪的问题。只有找到合理的方式，把累积的负能量释放掉，我们才能走出来。所以爱自己不仅是爱身体，更要呵护自己的心。心是我们的精神根本，心病除才能百病除。

5. 远离身边的负能量场

请远离你身边那些低层次的人，远离负能量场。人的层次不是由社会阶层和财富决定的，也不是由地域和出生背景决定的。决定一个人层次的是他们的经验、阅历、眼界、价值观、格局、支配时间的方式以及人生的趣味。由于有了不同的层次，于是便有了不同的群体，每个群体里的人都有着那个群体里独特的特征。群体的叠加，使得每个群体都自带能量场，高层次的群体自带正能量场，而低层次的群体则带着负能量场。如果想要自己的人生充满阳光，那就请远离你身边的负能量场，远离你身边那些低层次的群体！群体无所谓高低，只是认知和生活方式不同而已。当你到过更高的地方，看过更远的世界，你会更关注于自身的成长，而不会斤斤计较于那些家长里短的琐碎。

很多时候，层次越低的人，越容易放弃自己。他们不成长，不努力，不改变，抱怨和揶揄是他们评判世界的方式。谁家的婆媳关系和睦，他们会说，关上门还不是会吵，装什么装；谁家的日子过得好了，他们会说，风水轮流转，谁还没有个顺风顺水的两年，看他能嘚瑟几年。

在他们眼里，自己的生活是不幸福的，所以他们更乐于看到别人家的生活比自己还不幸。他们永远不会放过别人家里的各种家长里短、鸡毛琐事，并对此有着昂扬的热情，津津乐道，添油加醋，以讹传讹。大有一副"看吧看吧，天底下所有的家庭都是这样"的窃喜，并且理所应当地觉得"我们家过成这样也是正常"的自我安慰。他们在对别人家庭生活一地鸡毛的臆想中，麻痹着自己的生活，永远巴不得所有的家里，都会婆媳不和、妯娌大战、儿女不孝、男人出轨。这样，他们才有可能在茶余饭后，在一遍遍对别人的转述中，对比出自己还不算太差的"幸福"，蹉跎着日益油腻的岁月，自足于自己本可能可以更好的未来。

一个人的层次与金钱无关，与社会地位无关，与阶层无关。有的人，即使粗茶布衣、生活拮据，依然有着良好的修养、自律的生活、向上的态度、豁达的人生，他们像阳光一样，温暖着身边的人。有的人，即使腰缠万贯、金山玉石，却难有浩然之气，坦荡之怀。

低层次的人，自带一种负面的能量，这种能量有可能是怨天尤人的负能量，有可能是对社会规则、道德人伦的藐视，有可能是对世界透彻的绝望。这种力量，一旦合成群体，就更有着摧枯拉朽之势，摧毁你的心智，磨平你的斗志，让你觉得你的人生同这个群体传递出的暗黑一样的混乱和痛苦。一旦进入这样的负能量场，你的内心会被负能量所笼罩，你会放弃你的成长，放弃你的追求，放弃你原本构建起来的三观。你的内心会变得黑暗，而外界的阳光根本照不进你的内心。

离开你身边那些低层次的人，离开那些传递给你负能量的群体。永远怨天尤人的姿态是低层次的人的共同特征，他们永远都在抱怨：工作不顺心的时候，抱怨老板不公平；生活不顺心的时候，抱怨老公没能力；挣不到钱的时候，抱怨外部环境不佳；看到别人事业顺风顺水的时候，抱怨世界的不公，为什么不给予自己好的资源。对于低层次的人来说，他们永远都在等资源，他们认为，只要资源来了，他们的人生就变好了。

抱怨是负能量场的旋涡，一旦被卷入，便会被同化，你会迷失心智，失去理智，充满抱怨，看不到生活中的阳光。当你还没有阅读过足够多的书、行走过足够多的路、感悟过足够多的故事，当你还没有见过更多不同的风景，没有站在更高的地方，你永远不会看到更远的风景。你永远不会理解那么多已经存在的合理的人生层次。低层次的人，太多地把自己的幸福依附在别人身上，期待着、等待着别人对自己的施舍，对生活摇尾乞怜。他们放弃自我成长，放弃把自己变更好的机会。他们不明白，所有的资源都是自己争取来的。他们也不愿意去接受，所有的美好都是只有把自己变好后才会出现的。他们在抱怨和蹉跎中，日复一日地重复着自己。一旦被他们的负能量场吸引，你会拒绝成长，害怕改变，在自暴自弃中麻木自己。同这样的群体在一起，他们的负能量场一定会让你三观尽毁，你原本建构的认知一定会被颠覆。你也会同他们一样，觉得社会黑暗，人性险恶，世界如此混浊，要么放弃努力，听天由命；要么仇视一切，暴戾恣睢。

请远离你身边那些低层次的群体，远离负能量场吧！努力做好自己，努力去追求更高层次的生活，构建自己的正能量场，永远保持温暖及向上的姿态。

五、和靠谱的人共事

莫言说："路要和优秀的人一起走，才能长远；事要和靠谱的人一起做，才最稳妥；日子要和懂你的人一起过，才算值得。"我们一生都应该追随靠谱的事物，靠谱是人身上的"金子"，总会让人闪闪发光。

1. 靠谱是一种可贵品质

与靠谱的人相处，不用猜疑顾虑，更不用提心吊胆。有时靠谱很难，有的人并不在意他人交给自己的事情，不够重视就会拖延和懈怠；有时靠谱也很容易，因为只需要把该做的事做好，把该完成的任务完成好就可以。靠谱的人，做人有德行，做事有担当。

因此，当一个好的机会来临时，大家第一时间会想到和身边靠谱的人合作共事。与靠谱的人相处，踏实又安心，与不靠谱的人交往，是对时间极大的浪费。靠谱的人说话真诚，做事踏实，处处有交代，件件有着落，事事有回应。真正靠谱的人都拥有让人放心的能力，所有靠谱的背后，藏着一个人的担当和责任。

靠谱的人特征。真正靠谱的人都有以下特征。靠谱的人就是"说到做到，收到做到，想到做到的人""行为稳重、生活稳定、言语稳当的人""言辞朴实，但关键时刻能够解决问题的人""能做成事，有结果的人""不轻易答应帮别人做事，也不轻易要求别人做事的人""凡事有交代，件件有着落，事事有回音的人"。

靠谱是最难而又最正确的品格，人与人之间建立的靠谱的关系就是双向奔赴或者有能量互相流入的关系。我们应该追寻这些靠谱的人品，靠谱是人身上的"金子"，总会让这个人闪闪发光。

当我们在说一个人靠谱的时候，我们说的究竟是什么呢？靠谱有以下三层含义：第一，总是能完成目标，说到就是做到，只要承诺了就一定会按时按要求，保质保量地完成交付。第二，总是能完成指令，收到做到，你安排一件事，他能完成，你安排多件事，他仍旧能够完成。一个靠谱的人，收到指令后会回复，遇到困难会沟通，项目进展会按节点通报，安排会落实。他会说到做到，尽心尽力，有始有终，积极主动，不玻璃心，没有懒惰，不骄横，他能深刻地意识到这不是繁文缛节。

2. 如何判断一个人是否靠谱？

一个人靠不靠谱，就看这六个细节，帮你看清身边的人，筛选出生命中最靠谱的朋友。

一是说话之前换位思考，考虑对方感受，顾及别人面子，懂得什么场合说什么话，知道什么该说，什么不该说，所以真正靠谱的人，都懂得凡事三思而后行。

二是靠谱的人总能在事情发生的当下，第一时间寻找解决问题的方法，能在关键时刻承担责任，而不只是一味地抱怨与指责。

三是做人守底线，守住底线才能不因一时糊涂而丢失自己，才是一个人安身立命的根本。

四是交往懂谦逊，越是厉害的人，越低调谦逊，不因地位沾沾自喜，不因当下成绩故步自封，所以真正靠谱的人从来都是不显山不露水。

五是做事重细节，小事成就大事，细节成就完美，正如天下大事必做于细，细节决定成败！

六是执行有能力，懂得把以后再说换成现在就做，用超强执行力，打破局面的人，才是让人放心的靠谱之人。

3. 事要和靠谱的人一起做

人生短短三万天，从现在开始，学会管理好自己的人生吧，那才是最值得的投资。日本京瓷公司创始人稻盛和夫说："当你接触的人越来越多，你就会发现，比你层次高的人鼓励你，和你同层次的人欣赏你，层次比你低的人才会诋毁你。"我们不提倡把人分成三六九等，但却都明白人与人之间，的确是有层次之分的。

层次越高的人越优秀，越是懂得与周围的人和睦相处，最关键的是优秀的人能引领我们一起走，走得更加长远。听过一句话："上层人，人帮人，帮来帮去帮自己，互相成就了彼此。"多跟优秀的人一起走，才会在他们的身上汲取更多的正能量，转换成自己不懈努力的动力。而我们也能因此成长更多，让自己也成为优秀的人，从而提携更多的人一起走一起成长。做事要和靠谱的人一起做，才最稳妥。

宋代文学家苏轼在《三槐堂铭》中说："忠厚传家久，诗书继世长。"忠厚老实才靠谱，靠谱是一种品质，跟靠谱的人一起共处做事，才能让人放心更安心。

东汉时期，有一位为官清廉贤达的士人，他的名字叫范式，又叫范巨卿。在《后汉书·独行列传》中记载有范式"鸡黍之约"的故事，他年轻的时候，在当时的京都洛阳读书，和张劭是非常要好的朋友。有一次，两个人都要回家省亲，分别的时候，范式对张劭说："两年后我返回洛阳，将去你家拜见老人。"要知道，范式的老家在山东省的金乡县，而张劭的老家在河南省的汝南县，相隔四五百公里的距离呢。要是一般人说这话，张劭肯定不放在心上，但他知道范式是个靠谱的人，他说过的话就一定能做得到。果然，两年之后，范式真的去了张劭的老家拜见，而张劭也按照当时的约定，热情地杀鸡煮黍招待了范式。

多年以后，范式已经在山阳郡当了功曹，公务很繁忙，然而有一天夜里，他突然梦到了张劭。张劭在梦里告诉范式，自己在哪天去世，哪天下葬，希望范式能为他送葬。从梦中醒来后，范式很是悲痛，立马辞去官职，日夜兼程赶往张劭的老家。等到了张劭的老家一看，正好赶上张劭被家人下葬，但灵柩怎么都抬不动，范式赶紧上前牵引着灵车，这才将张劭顺利下葬。

正是因为范式的为人处世足够靠谱，张劭才会把自己的身后事托付给他，他的事迹才会流传至今。人是群居动物，是生活在一定的社会关系中的，而靠谱就是每个人经营社会关系的敲门砖，没有了它，自然寸步难行。只有做事情靠谱的人，才能成为别人眼中值得信任的人，为自己留下美名。

日子要和懂你的人一起过，才算值得。长大以后，我们总想找一个懂自己的人，一起度过人生中的风风雨雨，此生不再寂寞。曾听过这样一句话："一个懂你的人，胜过万千过客；一句懂你的话，更胜无数安慰。懂你的人，是你心安的理由，是你慰藉的港口，更是你不再孤单的源头。"只是人生那么无奈，想要找到真正懂自己的人，并不那么容易，需要我们用时间和真心去寻找，用真情去对待。

我在某本杂志上看过这样一个故事，单纯天真的女孩珍珍在大学里遇上了帅气的男孩刘东，两个人很快成了恋人。本来说好毕业后一起到上海去谋发展的，孰料刘东最后却听从了父母的安排，回到了老家。至此两个人天各一方，两个人之间的关系，也随着物理距离而逐渐拉远。珍珍埋怨刘东说话不算话，没有珍惜彼此之间的感情；刘东则认为珍珍不懂得体谅他，他作为独生子要承担赡养父母的职责。在拉锯了三年以后，珍珍下定决心去刘东的老家生活，她一直想做懂得刘东的知心爱人。然而两个人结婚后，珍珍却发现，在日常生活的消磨之下，刘东却并不是那个最懂自己的人，永远都是自己在迁就他。

每个人都有自己的难处，但尤为难得的是，我们能够在纷繁复杂的人世间，找到那个懂得自己的人。余生只有跟能够懂得自己的人一起过，这一辈子才不会白白度过，才不会浪费生命。只是天总不遂人愿，珍珍总想着去懂得对方，而刘东却从不主动去体谅她，分道扬镳只能是彼此最后的选择。不要在感情里过于冲动，要擦亮眼睛仔细分辨，找到真正能够懂得自己的人。只有跟懂得自己的人一起过日子，才能把日子过得活色生香，也因此活成彼此想要的样子来。

魏晋诗人徐干的诗句有："人生一世间，忽若暮春草。"人生在世，就如同暮春时节的野草，短暂而脆弱。人生看上去很漫长，但每个身处其间的人，在经历了各种起伏之后会明白，其实人生很短暂。想要拥有更加值得的人生，那就跟优秀的人同行，跟靠谱的人做事，跟懂自己的人过日子。毕竟，人生只有这一辈子，总要让这一生更加值得。

六、环境决定你人生

当走进这一小节时，也许你会说我太唠叨，怎么反复讲身边的环境，我已经知道身边的环境的重要性了，你不要再啰啰唆唆继续讲了。你有这样的埋怨很正常，如果你真正明白身边的环境的重要性，并能很好地过滤自己身边的环境，和靠谱的、优秀的人在一起，远离那些负能量，那你就直接划过这一小节，阅读下一章吧。其实，你是可以选择你感兴趣的章节阅读的，这本书讲的都是观点和经验，只要你能吸收到一些对你有帮助的营养，我编撰此书的目的就达到了。

1. 环境的重要性

环境决定人生，思想决定未来，格局决定结局，态度决定高度。多和善良的人同行，让自己的内心充满阳光，多和勤奋的人相处，让自己变得自律，多和真诚的人来往，让自己的世界没有欺骗，多和靠谱的人在一起，心中有依靠，事事能放心，多和正能量的人共事，让自己变得坚强，在这世界上你自己不强大，认识再多的人都没用，别人的屋檐再大，都不如自己手里有把好伞，只有自己变强大了，才是硬道理，在别人的世界里，把自己看轻一点，在自己的世界里，把自己看重一点，别高估了你和任何人的关系，也别高估了你在别人心中的位置，也许人家根本没拿你当回事。

一件事在没有做成功之前，不要向任何人提起。要学会闷声发大财，看好了就去做，能用钱解决的事情就不要去动用人情，在这个世界上，最难还的债就是人情债，所以不要轻易欠下谁的人情，多做点能提升自己的事，生活有阳光，处处是风景，多和优秀的人为伍，人生的道路才能越走越远。

2. 换环境才能改变命运

改变命运的方法就是改变所处的环境，一个人在什么样的环境当中，就会有什么样的磁场，我们经常讲人、事、物，一个人跟什么样的人在一起，也会变成什么样的人。比如你今天是一滴水，把你放在大海里，你就是大海里的一滴水；如果把你放在小溪里，你就是小溪里的一滴水；如果把你放在茶杯里，你就是茶杯里的一滴水。所以你在不同的环境里，你就会拥有不同的人生状态和生命的能量，你明白吗？

人往高处走，指的是人永远要给自己换一个更大、更强、更好的环境。为什么很多人身边总是有一摊不好的事，那就是他们身边全是不好的人。很多女人说我老公天天喝酒，我老公经常夜不归宿，我老公在外面不知道干什么，为什么会这样？因为他的朋友圈就决定了他会变成这样的人。你光跟他讲道理、讲责任，是没有用的，他的朋友圈没有改变。改变命运很简单，就是换批朋友去交一交，换个行业做一做，换个环境待一待。不要老在原地转，很多女人就是"三转"：围着厨房转，围着老公转，围着孩子转。其实，生活和工作并不是对立面，围绕家庭，但又不失去自己的生活，才能活得精彩。

3. 与智者同行

与智者同行得到的是智慧，有了正确的判断，就可以做出正确的行动，判断得尽可能正确，行动也就会尽可能正确。人的欲望是一切痛苦的根源，正在拖垮现在大多数的人。我们不得不承认，在当今这个时代，人们享乐真的很容易，然而给我们犯错的概率也是越来也大。比如说手机软件，大数据根据你的行为和你的爱好，你喜欢看什么，就给你推什么，让你很快就得到满足和快乐，所以很多人原本想刷10分钟、20分钟手机放松一下，但是一抬头三四个小过去了。现在大部分人，甚至是年轻人和孩子都是这样，原是让短暂的快乐去满足自己，最后结果非常害怕，很多人觉得熬夜很快乐，但是慢慢在透支着你的身体，躺着玩手机确实很惬意，但总有一天会面对长时间的焦虑。这个世界很公平，你想要最快乐的简单，或者最简单的快乐，就会给你最难以承受的痛苦。在现今的时代，我们不要做糊涂人，生活在这个世界上的我们要清楚，我们要知道我们的责任，要做这个时代的智慧人，头脑一定要清醒，要谨慎行事。

人生当中所有的事情，如果你觉得特别地费劲，一定是因为方法错了，所以人生还需不断努力，最重要的一个工作是学习正确的方法，所以向他人学习，与智者同行，向优秀的人学习，让自己不断进步，这才能够让你成为真正未来的自己。

你所处的环境，决定你的人生。底层的人说的是吃喝玩乐、赚的是每月几千元工资，想的是明天和后天；一起谈生意的人谈的是项目，赚的是利润，想的是下一年；一起搞事业的人说的是机会，赚的是认知财富，想的是未来规划，搞的是资金保障。和勤奋的人在一起不会偷懒；和阳光的人在一起不会消沉；与智者同行会不同凡响，与高人为伍，能登上高峰，积极的人像太阳，照到里哪里亮，消极的人像月亮，初一十五不一样。

态度决定一切，你有什么态度，就有什么样的未来；性格决定命运，你有怎么样的性格就有怎么样的人生。你是一个什么样的人，就会拥有什么样的结果。所以现在不是生意难做，而是你不是做生意的人，也没有倒闭的行业，只有倒闭的公司，更没有做不成的事，只有做不成事的人。

4. 环境决定你的层次

在聚会上，你是不是总想着多认识一些人？你可能会想：一辈子那么长，总有有求于人的时候，多个朋友多条路。其实，人真的没办法和太多人建立实质性的关系。人类生活中最亲密的朋友只有3到5人，这些人是你的挚友；好友有12到15人，这些人的去世会为你带来重创；普通朋友有50人，你们偶尔会想起彼此。剩下的都是普通熟人，你们不常联系甚至不联系。我们年轻时，对谁都热情，但随着年纪增长，你会发现身边的朋友就那么几个，知心就好。

你的社交格局，决定了你所处的环境。"画眉麻雀不同嗓，金鸡乌鸦不同窝。"人与人之间不同，而人往往更愿意和差不多层次的人交往。决定两个人成为朋友的因素有很多，性格、学识、财富、志趣、三观等等。所以，一个人的社交圈，往往能体现他的性格、修养、学识乃至人生成就。人与人之间的差距，往往也体现在他们的社交格局上。

我们再来重复咀嚼这一句话："一流的朋友谈梦想，二流的朋友谈事业，三流的朋友谈事情，四流的朋友谈是非。"跟优秀的人在一起，在你迷茫时，他最起码会拉你一把，给你建议，让你不至于迷失方向。而另一些所谓的朋友，不求上进、好逸恶劳，只会把你拽入和他一样的环境里，拉低你的层次。世间最美好的东西，莫过于有几个头脑和心地都很正直的朋友。而狭隘的社交格局只会阻碍你的前进，拉低你的眼界，思维方式和行动力也会受到影响。

环境，真的很重要。和什么样的人做朋友，你就会成为怎样的人。这大概就是为什么厉害的人总是扎堆出现吧。之前，西北大学长安校区爆出一个"学霸宿舍"。宿舍6位姐妹，分别考研或保研至中国科技大学等5所高校。4年来，累计获得16万多的奖学金、助学金。来自不同专业的室友们，之所以有这样的成绩，最初来自一个励志的室友。她特别勤奋，早出晚归，总会有计划地完成每一项学习任务。其他室友羡慕之余，开始跟着一起学。大家发挥各自优势，取长补短，相互鼓励，最终达到各自的目标。

荀子曰："蓬生麻中，不扶而直。白沙在涅，与之俱黑。"你的所处的环境的质量和容量，决定你个人的发展质量和精神面貌。正如蔡康永评价小 S："她的个性本身就很乐天，很有活力。她这个朋友让我觉得活着是一件很值得、很舒服、很有趣的事。而有的人会让我觉得活着很没劲，碰到他会把我的能量都吸走。"

你看，一个活力满满的人，感染得周边人都能趣味横生；而一个死气沉沉的人，却将周边人传染得颓废无能。你所处的环境，真的很重要。

5. 人生下半场，拼的是环境

人生下半场，我们过得如意不如意，拼的其实是环境。你选择什么样的环境，直接决定了你人生下半场能达到什么样的高度。你想在工作上有所收获，就要与那些事业心强、积极向上的人为伍。你想在生意上有所突破，就要寻找诚实守信、愿意抱团发展的经商者。你想解决孩子教育的问题，就要结交那些善于教育孩子、愿意交流教育心得的人们。你想有阳光的心态，就要经常与那些困境中依然能够微笑面对生活、走路带风的人在一起。

如果你发现，你身边的环境中全是消极颓丧、混日子式的负能量的时候，就要考虑及早止损"退群"，绝不可悔。因为世人皆有惰性。当身边皆是游手好闲之人时，便会给自己找借口，"大家都如此度日，我何必自讨苦吃"，有这样的想法只会日渐堕落。

余生不长，经不起几次负能量环境的折腾。当你发现，你周围全是阳光向上、遇到困难依然敢于无畏前行的人时，就要坚定地长期驻扎，且莫怠慢。因为世人皆有见贤思齐之心，若周围都是发愤图强之辈，耳濡目染之下，自己也会力争上游。不想向命运低头，便需要做最好的自己，然后遇见更好的别人，待历经的艰辛及流下的汗水变成资本，生活就会有无限可能。

七、享受孤独变强大

孤独是一种境界，也属于环境范畴。叔本华讲："人性越完美，人越孤独。"你发现没有，当一个人在大自然中所处的位置越高，那他就越孤独。如果一个人身体的孤独和精神的孤独互相对应，那反倒对他大有好处。一个人的自身拥有越多，那么，别人能够给予他的也就越少。正是这一自身充足的感觉使具有内在丰富价值的人不愿为了与他人的交往而做出显而易见的牺牲。相比之下，由于欠缺自身内在，平庸的人喜好与人交往，喜欢迁就别人，这是因为他们忍受别人要比忍受自己来得容易。当我们学会享受孤独时，便学会了珍惜自己、关爱自己，我们不再期待别人的认可和赞美，而是用自己的努力和成果获得肯定，这样，我们的生活就会变得更加充实，更加有意义。

1. 慎重选择朋友圈

物以类聚，人以群分，看一下你的朋友圈，你身处在怎样的朋友圈里，就决定了你拥有怎样的环境，你拥有怎样的环境，就决定你拥有怎样的人生。如果你的朋友圈都是秀（恩爱）晒（孩子）炫（富），再加上各种微商代购网店，那你还会知道这个世界还有一种生活叫作励志学习吗？相反的，如果你的朋友圈都是那些心灵鸡汤发人深省，诗词歌赋促使人进步，各种人事职场信息供你学习，你还有脸说，不，我不要好好学习，天天向上吗？

金嗓子周璇，相信大家对这个名字都不陌生，她的成就我就不一一说明了，这位民国时期影坛歌坛双栖明星，看看她的朋友圈吧，你就知道她的成功并不是只有靠自己的实力。撤除什么导演、制片、老板这些男人，单看看周璇身边的女人们，阮玲玉、胡蝶、张爱玲等，尽管她们的领域不一样，但是每一个拉出来，谁不是现在所称的"超级名人"呢？

她们不仅仅是那个时代的名人，就是时至今日也是令人敬佩的艺术家、大才女，她们的性格各异，但是在自己专业的领域上都是兢兢业业，不敢有丝毫的懈怠。相比于现在的小明星耍大牌，这些真正的大牌可都是在片场磨炼出来的一身真功夫，演技、唱功、文采都没的说。而且对人和善，不会动不动就撂挑子不干了，那种气节也不是现在的明星可比的。而周璇跟她们在一起想不进步都难，身边的人都是如此这般努力，自己如果还懒散，怎么能够融入她们！

再说说感情方面，这几个女子的感情都十分凄惨悲凉，一个个都曾受过爱情的伤害。所以她们每个人对爱情都是悲观的，在爱情上她们都遍体鳞伤，她们对于爱情的态度是消极的。想象一下，如果当时有朋友圈而她们又互为好友，她们朋友圈对于爱情的看法一定是消极到极致的，对于男人更加是恨到恐惧，所以她们都是爱情中的失败者。

因此，请选择朋友圈的时候谨慎挑选，你选择跟好人做朋友，那么你的胸襟一定不会狭窄到哪里去，海纳百川，如果你是大海还能容不下一个小小的盐粒吗？当然如果你选择跟小人做朋友，那么你的格局一定也大不到哪里去，坐在井底的青蛙看到再大的天空，也只能是通过井口看到一片白云。

2. 接受孤独，不断变强

孤独代表什么？孤独代表你在社会上的生存能力，小猫小狗敢孤独吗？狮子老虎为什么敢孤独，孤独代表能力，孤独代表内心强大，你没那种能力你不敢孤独，人生唯一要做的就是成长。

孤独是一个人强大的标志。当然，我这里所讲的孤独，并不是说你不要朋友，是说你选择对你有利的朋友，舍弃你以往熟悉而带负能量的朋友。为什么你和曾经的好友不再联系了，因为你们之间能聊的只是回忆，没有未来，你说的他不懂，他说的呢，你也没有兴趣，逐渐自然地变成了最熟悉的陌路人，人的每一次阶层的跨越，都代表着思想的升维和环境的改变，强者都愿意结交更强的人，你有没有这样的经历，就是去一场老同学或者老朋友的聚会，竟然没有了以往的兴奋感。只有在人群中淡淡的寂寞，觉得这样的聚会只是在浪费你的时间，如果你有这样的感觉，那么很有可能你的思维层次已经远远超过了身边这一群还停留在语言阶段的人。到了一定的年纪，你就会发现不同思维认知的人，是根本聊不到一起的，也许你会遗憾，曾经和你一起谈天说地的老友，终究是思想上和你没有了默契，经历多了，你就会看到自己以往的无知和愚昧，你会将一切对外的奢求，都放回自己身上，要么去读书，要么去运动，要么学会独处。

如果你现在问我，我最好的朋友是谁，我觉得就是我自己，或者还有那些千百年来，被人们誉为智者的人，还有可以跨越时空以及年龄的神交，就像此刻愿意看到这里并认同这些观点的你。真的别在那些所谓的假好友身上浪费时间了，送给你一句话，要管理好你的人际关系，而不是让你的人际关系去管理你，把无关紧要的人从交际圈里剔除，专心去维护那些真正的益友，才是真正懂生活的人，世故虚伪的朋友要断，消耗你能量的朋友必须舍掉，不属于你的朋友，你必须远离。一个人的世界，你何苦请那么多人进来呢，认识多少人根本没有意义，真正的价值是你是谁，又有多少人是在真心对你、诚心对你。筛选朋友，就是梳理人生，管理朋友圈，也是精进自我的开始。你的朋友圈干净了，人才自在；关系舒服了，人才舒心。人活着，首先只有对自己负责，才能对他人负责。自我管理，是我们每个人一生中非常重要的一场修行。

3. 孤独内心必强大

内心强大的人特征是不再去追求热闹，也不会刻意地再去追求很多朋友来到身边。因为他明白"逢人不必言深"，孤独本身就是一种常态。我们用一生的长度去看，孤独是在所难免的，纵使我们身边有许许多多的欢声笑语，最终会消失在我们生命当中。害怕孤独就是我们因为修心不够，刻意追求快乐和热闹，这是因为我们智慧不够。

能够享受孤独独处的人都不是一般人，可不是大家想的简简单单的普通人，俗话说，英雄寂寞，通常这类人都有三个共性的特征。

首先，能够享受孤独独处的人，大部分都是经历过人生重大打击或者是经历过生死考验的人。经过艰难困苦翻身后，选择独来独往，他不依靠任何人或者说他无依无靠，只靠他自己，自己就是自己最大的靠山，他心里清楚地知道，别人的屋檐再大，都不如自己有把伞。

他是一个真正独立的人，也正是因为无依无靠，才激发了他自身的潜能。假如你还在依赖他人，依靠外在的助力，你永远不可能做到享受孤独。享受孤独独处的人一定是一个内心富足的人，他什么都不缺，什么都不怕，他无所畏惧，内心无比的强大，他拥有整个世界。无论遇到任何挫折、任何打击、任何委屈都能自我疗愈、自我化解。独处的人不需要任何人的理解和安慰。一个内心不强大、不富足的人不可能做到独处，因为他们的情绪，他们的委屈，他们的痛苦，需要依靠别人来抚平和安慰。

第三，能够享受孤独独处的人，一定是一个觉悟高的人。之所以选择独处，享受孤独，是源自他们的思想和价值观，他们已然站在了更高的维度，在俯视着这个世界。他是看穿驾驭人性的高手，是让万物为我所用的高手。独处并不是在卖弄深沉、自命清高。享受孤独是一种人生的境界，也是一种神秘的生命体验。

女人如何面对孤独变得内心强大呢？女性越成功就越孤独，这是身处高位女性的普遍现象。一个人一定要能够学会面对孤独，这是一个很重要的能力。就是你自己一个人待下来的这段时间，你能够很自在，你就是温温柔柔的，安安静静的，这才是最强的人。

孤独并不是说我们应该逃避人群和远离社交，相反，孤独是一种涵养、修养和智慧。人生在世谁都不可能一直顺利，都需要经历挫折和磨难，在这期间，或许我们会感到无助、焦虑，甚至绝望，但是只有这样的经历我们才能更加深入地了解自己、认识到自己的价值。许多人在面对孤独时，会选择逃避，他们害怕孤独，害怕独处，觉得只有融入人群才能找到自己。然而事实是只有孤独才能让我们内心更加平静，让我们更加专注于自己的内心世界。孤独不是一种负面情感，而是一种正面的修炼，只有在孤独中，我们才能更好地审视自己的生活，调整自己的心态，追求更高的境界。当我们学会享受孤独时，便学会了珍惜自己，关爱自己。我们不再期待别人的认可和赞美，而是用自己的努力和成果获得肯定，这样，我们的生活就变得更加充实，更加有意义。

第三章

知恩报恩有好报

一、感恩是良好品德

上一章，我们一起探讨了"环境"的话题，有良好的成长环境，事业就会事半功倍。今天我们一起走进"感恩"能量场里，继续扩大我们的认知，尽快驶向成功的彼岸。

1. 感恩是一种积极心态

感恩能为我们提供动力，这是一种积极心态，同时也是一种向上的力量。世界第一成功导师安东尼·罗宾曾说过："成功的开始就是先存有一颗感恩之心，时时对现状心存感激，同时也要对别人为你所做的一切满怀敬意和感激之情。假如你接受了别人的恩惠，不管是礼物、忠告还是其他任何形式的帮忙，你应该抽出时间，向对方表达谢意。"

当我们以一颗感恩的心去面对生活的时候，身心会感到愉快、幸福。刻意地向别人表达自己的感谢，就会把感恩种在自己和他人的心中，这要比其他任何的物质回馈都要宝贵。这样，在自己下一次需要帮助的时候，别人就会及时地伸出援助之手，帮助你走出困境，看到生活的希望。拥有感恩的心，你才会得到更多的帮助。懂得感恩的人相信，自己心存感恩，时刻帮助他人，同样也会有人来帮助自己。

如果没有感恩的心，没有一颗帮助他人的心，你也不会换来他人的帮助。当你懂得感恩的时候，你会发现，这个世界处处存在希望，到处都会有温暖和帮助。懂得感恩的人，别人会在你最需要帮助的时候，伸出援助之手。怀有一颗感恩的心，能帮助你在逆境中寻求希望，在悲观中寻求快乐。

你播种什么就收获什么。播种的是善良，收获的就是善良。拥有一颗感恩的心，你就会得到别人的尊敬和信任。只有懂得感恩的人，才会在未来的学习和生活中不断地得到他人的帮助和资助，让自己顺利渡过每一个难关，帮助自己实现心中的理想。现实告诉我们，拥有一颗感恩的心，我们便能够更加顺利地解决人生道路上的每一个困难，因为一个懂得感恩的人，在需要被帮助的时候会得到更多人帮助。我们应该清楚这一点，这是每个人成长过程中的第一步，走好这一步，我们的人生才会变得更加美好。

2.感恩是一种美德

有人说："感恩是一种美德，是一种境界。"确实是这样，当你把感恩当成一种习惯，就不会把一切当成理所应当，也不会因为一个小愿望得不到满足就怨天尤人，而是会加倍珍惜生活中的美好，在爱与被爱中分享、传递，让幸福得以循环。感恩是结草衔环，是饮水思源。一个家庭能养出懂得感恩的孩子，是这个家庭最大的成就。

知恩报恩是一种美德，也是一种人类的本性。当我们得到他人的帮助和恩惠时，内心会自然而然产生一种感激情怀，并希望有机会回报。这种感激之情不仅是对他人的回报，更是内心的一种愉悦。在我们的生活中，知恩报恩的例子无处不在，比如，当你遇到困难时，朋友向你伸出援助之手，你会心存感激。当你在工作中受到领导的褒奖时，你会对领导产生一种敬意和感激之情，并希望能够在以后的工作中更加努力。然而，知恩报恩并不是一种简单的回报行为，它还包含了一种人与人之间的情感交流和互动。比如，当你对别人的帮助和思想心存感激时，你与别人是一种良好的关系。这种关系不仅是一种物质上的互利共赢，更是一种情感上的互相支持和帮助。在知恩报恩的过程中，我们不仅是在回报别人的帮助和恩惠，更是在传递一种正能量和温暖，这种正能量不仅能够让我们自己感到快乐和满足，更能够感染和传递给更多的人。

　　总之，知恩报恩是一种人类的美德和本性，它是对别人的回报，更是对自己内心的一种满足。生活中，我们应该珍惜别人的帮助和恩惠，并时刻保持一颗感恩的心态。

3. 感恩是一种处世哲学，亦是生活中的大智慧

　　有智慧的人，不会斤斤计较，也不会一味索取和私欲膨胀。学会感恩，感谢世界给你的所有赠礼，这样你就会拥有积极的人生观，保持健康的心态。感恩是一种信念，在当今社会中，获得成功的人很多，但真正能够感悟生命的人却不多。

　　信念的坚定常使我们面对人生挑战和失败时，更坚强、更果敢地前行，让我们拥有快乐和收获。感恩是一种品格，当我们遭遇困境时，便会懂得感恩他人；当我们获得荣誉时，更要感恩他人；所有成功的人，无论贫富、高低起点、出身好坏，都能拥有这个共同的品质，那就是感恩。感恩是一种力量，每一次历练都会让我们变得更加成熟、自信，让我们更加深刻地明白自己的需求，并且拥有实现它们的动力。即使在人生最低谷的时候，感恩的力量也会伴随我们渡过难关，重新在逆境中寻找人生新的目标。

4. 感恩之人也是靠谱的人

　　懂得感恩的人，时刻充满正能量，是值得我们信赖的，是办事可托付的。他们懂得付出，懂得回报。有人说，善良的本质就是有

一颗感恩的心。一个人如果有了一颗感恩的心，他就是一个幸福的人。所以对别人的帮助，哪怕是一点一滴，我们也应当常怀感恩之心。

学会感恩、懂得感恩应当成为每个人的美德。机关领导干部更要常怀感恩心，常履感恩之责，常行感恩之举。要感恩组织的培养，坚决服从组织的安排，尽职尽责地工作，不要辜负党的培养和重托。要感恩群众的信任，时刻把群众的安危冷暖放在心上，为群众做好事，切实解决群众的困难。只有这样，才能清清白白做人、干干净净做事，在群众中享有崇高的威望，感恩的世界会让你在事业和人生的道路上趋向辉煌。

我们伟大的中华民族是文明礼仪之邦，感恩文化更是积淀深厚。心怀感恩，知恩报恩，是做人的基本准则。感恩，其实真的很重要。

全身瘫痪的著名物理学家霍金，他能克服常人难以想象的困难，创造出一段生命奇迹，这都是源于他常怀一颗感恩的心；著名的体操运动员桑兰，由于训练中的一次偶然失误，体操生涯被无情地画上句号，但她并没有因此一蹶不振，从她重新面对公众的那一刻起，她的脸上就一直浮现灿烂的笑容，这一切都源于她对给予她关怀和照顾的人们心存感激。

不知道感恩的人，皆是冷酷绝情的，他身上所体现的必然是自私、贪婪和虚伪。懂得感恩的人，绝不会一味埋怨生活和斤斤计较。常怀感恩之心，就会为自己拥有的而感恩，感谢生活的赠予。常怀感恩之心，才能心情豁达、平心静气、宽以待人。让我们做一个懂得感恩的人吧！

二、感恩父母要趁早

我们知道，你播种什么就收获什么，播种希望得到的，就收获希望得到的。同样，你感恩什么，就收获什么。感恩是一种品德，感恩是一种力量。凡是成功人士，都拥有这样品质。说到感恩，我们应该从感恩父母做起，感恩父母就是要有孝心。

1. 百善孝为先，你和父母的关系，就是和万物的关系

人活着的时候不孝顺，等到父母去世了去坟前烧香烧纸，那都是骗人的。希望我们大家真正地珍惜眼前人，不要等到你父母亲不在的时候再后悔，那个时候为时已晚。下面，跟你讲一个扎心的故事。

有一个伟大的母亲，在她年轻的时候丈夫离世了，只生下一个儿子，她曾想过要再次结婚，儿子却不同意。所以她为了儿子宁愿终身不嫁，30 年含辛茹苦把孩子养大，一天打三份工，送孩子上最好的学校，去美国留学，把她赚的所有钱全给了这个孩子，她一心一意都在儿子身上，最终她老了，退休了。

她想，她的孩子在美国已经成家了，已经有孩子了，她想照看孙子，想跟他们生活在一起。因为她在大陆没有任何亲人，她活着的唯一价值是她的儿子。她把房子卖了，把所有的资产全变卖了。

然后她给儿子写了一封信："亲爱的儿子，妈妈已经老了，已经退休了，我现在唯一的念想就是能够跟你生活在一起，我准备来美国跟你一起生活，每天都能陪着你啊。"这封信写得连她自己也觉得很开心，因为她在想，她儿子肯定会马上会来接她。结果她收到她儿子回信，看到里面有一张 3 万美金的支票。她很惊讶，因为这么多年，她儿子从来没给过她一分钱，都是找她要钱。留学找她要钱，结婚找她要钱，在美国买房找她要钱。儿子从来没有给过自己一分钱呀，她真的很惊讶，她马上打开那封信。信的第一句话就把她给震撼住了："妈，我们经过商量不欢迎你来美国，如果你觉得你养我花了很多钱，我算了一下，你

这么多年给花的钱不超过 2 万美金，算上利息我就给你 3 万吧，以后你过你的，我过我的。"

你知道那个妈妈看到这封信的时候，是什么感觉吗？她的天塌了，她一辈子所有的心血都在自己的儿子身上，省吃俭用供儿子去美国读书，为了儿子终身不嫁，结果今天她儿子给她写这样的信。如果这件事放到你身上，你会怎么样？

你的父母生了你，你的父母养了你，你身上流的血是父母给你的，她们把自己的青春年华，把他们这辈子所有的一切都给了子女。我们所有的人没有一个是从石头缝里蹦出来的，都是父精母血，没有父母之爱就没有我们的存在，没有哪个父母是一帆风顺当上父母的，哪个父母不是含辛茹苦把我们带大，那都是一把屎一把尿给带大的。我们都要时时刻到想想自己的父亲、自己的母亲。从今天起一定要给自己植入一个信念："天下无不是之父母。"父母的所有问题你今天不理解，但是当长大为人父母的时候你才会知道父母有多么的不容易，一定要多陪父母聊聊天，给他们一些慰藉。记住一句话：你和父母的关系就是和生命万物的关系。一个不懂得孝顺父母的人，他在财富上是不可能有丰厚回报的，一个不懂得孝顺父母的人，他在情感两性关系上是不可能幸福的。顶级有钱人，百亿富豪，他们越有钱越是孝子。作为一棵树，你都不孝顺你的那个根，你这棵树还能长大吗？能开花结果吗？那根好了，你那棵树自然就能长大，枝繁叶茂，就能结出果实。

2. 年少有为，孝顺趁早

孝顺老人要趁早，立马要行动，该做就做，如果迟缓，可能有的时候在一念之间的"因为忙，改日吧"，就会错过机会，想补救时再也没有时间了，成为自己一生的憾事！

近年来，有关子女为身患绝症的父母实现最大的心愿，陪着父母去远方的新闻不时地出现在公众的视野中。每一次的这类孝敬父母的故事，都会打动着我们每个人的心。他们成为这个时代孝敬父母最好的典范，也在激励着我们，尽孝需趁早，而且要拿出切切实实的行动来。

　　河南商丘有一个"90后"小伙，名叫赵天赐，辞职后用31天的时间推着患病的母亲一起，走过了15000公里"通向奇迹的路"。这个新闻引起了很多人的关注，我看到这个故事也不禁被这位年轻人的壮举深深感动。

　　2014年，赵天赐母亲患上渐冻症后，随着病情逐渐加重，言语、吞咽和呼吸功能都受到了很大的影响，不能平躺，只能侧睡。看着母亲的身体越来越差劲，赵天赐回想起母亲身体健康时经常和练瑜伽的朋友一起爬山运动、旅游赏风景。于是赵天赐决定带着母亲，换种母亲喜欢的方式生活。

　　他先是带着母亲把省内的城市和景点都转了一遍，然后开车带母亲远赴新疆。他深情地说："既然治愈不了，我们可以站到山上，我们可以踩着海水，做任何事情。"这简单的语言，蕴含着潇洒的人生哲理！不是吗？面对无法治愈的疾病，与其坐以待毙，哀怨度日，还不如脚踏实地去实现一下人生的意愿。何况，在父母最需要的时候，孩子的有效陪伴是最好的治疗，也是最大的安慰。能实现一下老人内心的心愿：不枉来到这个世界一遭。

没有什么比尽早对逐渐步入年迈的父母尽孝更为重要的了。回报父母要趁早，年少不知父母恩。半生糊涂半生缘；门前有车不算富，家中有娘才是福；父母本是在世佛，何须千里拜灵山；子欲养而亲不待，父母存时多尽孝，不留遗憾过一生。年少有为，孝顺趁早，不要等到失去的时候才后悔，那时候为时已晚。

3. 报答父母不要光说不做

报答父母千万不要光说不做。在父母心里，孩子永远是宝贝，不管孩子多大，也不管孩子曾经发生过什么，父母对自己的孩子的那扇心门，永远都是敞开着的。可是我们子女有什么时间给父母敞开过心扉呢？嫌父母老了，嫌父母啰唆了，父母和我们不是一个时代的人，父母和我们有代沟，这都是现代年轻人给父母回答的名词。我们大家可以想想，我们 1～3 岁，刚学会说话，父母多么得高兴；我们大便小便都没有办法自己料理，父母从来都没有嫌弃；我们生病，父母为我们到处求医问药；我们吃饭流口水，父母替我们擦得干干净净……父母亲上年龄了，我们却嫌他脏；父母亲生病了，我们却嫌他是拖累；甚至老人瘫痪，尿湿了裤子，弄脏了床铺，我们就开始嫌弃他们了。其实，越是父母生病了，甚至健忘了，做子女的越是应该紧紧地抱着他们，不离不弃地照顾她们，而不是嫌弃他们。

在实际生活里，我们出门旅游，谁愿意带着父母呢？嫌父母爱唠叨，嫌父母走路慢。我们有没有想过，我们小的时候，父母是不是恨不得经常有空就带我们去旅游，走任何地方都以我们为主，我们就是座上宾。可是我们的饭局里，什么时间出现过父母的影子？我们去旅游时，什么时间想起带着父母？他们是走路慢，可是我们不要忘记，我们学走路时，边走边跌跤，我们的父母都双手保护着我们，生怕我们磕着了、绊着了，哪有一丝一毫的嫌弃呢？你刚开始学说话时，父母慢慢地教着，当你重复着同样一句话时，父母还是那样高兴地听着。可是现在的父母多说几句话，子女就嫌啰唆，我们作为子女，到底尽了多少孝呢。

人这一生啊，永远要明白，我们的生命都是父母赐予的，为什么许多人甚至不愿为父母付出一点时间、一点金钱、一点关怀呢？我们常常说要报答父母，"妈妈，你等我考上了大学，你就享福了""等我娶了媳妇你就享福了""等我有了本领你就享福了"，难道我们对父母的承诺就是一张空头支票吗？难道都是光说不做的欺骗吗？

4. 父爱如山，母爱如海

在中国五千年的文明史里，"孝"早已成为中国人衡量某个人的品德和修养的标准。中国古语说："百善孝为先，孝子人人敬。"中国传统文化历来把儿女对父母的恩情视比天高、比海深的事，忘恩负义则天理不容！

你要清楚，是父母给了我们生命，抚养我们长大成人。虽然父母不一定能给予我们金钱、地位、名誉、豪宅，或者是美丽的容颜，但他们给了最重要的东西，那就是生命。

当你大学毕业后，走出家门，步入社会，忙着找工作，忙着谈恋爱。工作几年之后，忙着挣钱，忙着升迁，忙着为自己的前途打拼。结婚生子以后，又忙着照顾培养孩子。我们一直忙着，让自己活得更精彩，却忘了是谁把我们带到这个世界，又是谁辛辛苦苦地把我们养育成人。

父爱如山一般崇高，母爱如海一般博大，父母之爱是世间最伟大、最无私的。从牙牙学语到成家立业，父母付出的心血难以计算。当我们第一次跌倒时，是父母把我们扶起；我们第一次流泪时，是父母把我们的眼泪擦干；肚子饿了，父母会给我们做最美味的饭菜；天冷了，父母会嘱咐我们添加衣服；生病了，父母比我们还要着急；到了孩子成家的年龄，不富裕的父母甚至可以倾其所有为儿女买房买车，成全他们的婚事。一旦遇到灾难，父母会牺牲自己的生命来挽救孩子的生命。

5. 乌鸦反哺，羔羊跪乳

"树欲静而风不止，子欲养而亲不待。"很多人都是在父母过世之后发出如此感叹，却不能在父母在世的时候明白这个简单的道理。"乌鸦反哺，羔羊跪乳。"连动物都懂得孝敬父母，更何况作为万物之灵的人类呢？很多人在父母生前没有尽孝心，并不是因为他们不爱父母，而是他们没有意识到父母有一天会离开自己。大多数年轻人从来没想过，也从来不敢想，如果父母不在了怎么办？尤其有一些子女，只知道向父母索取，如果父母不能满足他们的要求，动辄对父母恶语相向。他们认为，父母对他们付出再多都是理所当然的，肆意挥霍父母的心血，却丝毫不懂得感恩，更不用说回报了。总是在他们的父母去世之后，才开始后悔自己没有好好尽一点孝心，才想起父母的种种好处，甚至开始怀念父母的唠叨。

很多年轻人在外打拼，每年只回家一两次。回家的时候也只顾着和朋友、同学聚会，却没有抽出多少时间陪陪父母。工作之余，请抽出几分钟时间陪陪父母吧，不要给自己的人生留下遗憾。《论语》里有一句话："父母在，不远游，游必有方。"现在人们的理想和抱负，都是想去大城市闯出一片天地。可是在你远走高飞的时候，请别忘了含辛茹苦把你养大的父母。出门在外的时候，要记得经常给父母打电话，问一声好。在阳光灿烂的日子，请你陪父母去散散心，握着他们的手，慢慢地陪着他们走。如果父母健在，我们应该感谢上苍给我们一个报答父母恩情的机会，立即行动，送上对父母的关爱。尽管我们已为人父为人母，但我们的父母依然会清晰地记起我们脸上绽放的第一次笑容，记起我们蹒跚走出的第一步，记起我们喊出的第一个字，记起我们人生路上的点点滴滴。面对父母无私的爱，作为儿女的我们，又有什么理由不对父母感恩。

三、谢谢您我的贵人

你要明白这样一个道理：你感恩什么，你就会吸引什么。因为当我们感恩的时候，就会释放一种强大的感恩能量，"同频共振"地不断吸引着相同频率的人来到我们的生命当中，那么帮助你的人就会来到你的生命当中。那些帮助你的人，就是你人生中的贵人，此生你应该记住他，还要知恩图报。

1. 成功离不开贵人

一个人的成功离不开贵人的扶持。那么什么叫贵人呢？贵人是一心为你提供帮助的人，贵人是指点迷津、提醒你的人，贵人是给你机会、重用你的人。遇见贵人是你一辈子的福气和运气，值得感恩一生，谨记一世。锦上添花，随处可见，而贵人是雪中送炭，在你有难处时帮你。雪中送炭分外难得，当你身处低谷，你才明白世态炎凉的真相，有些人在你最艰难的时候出现，在你落魄的时候陪伴，不求回报帮助你，一心一意提点你，这样的人，你一定要知恩图报，把他的好永远铭记。

事业失败时，或许有一段时间你心灰意冷，一蹶不振，这个时候，如若有一个人出现，他像伯乐一样欣赏你，给你平台让你施展自己，帮你东山再起。因为他的出现，你的生活不会步入窘境，你的内心不会濒临崩溃，你垮掉的信心重新建立，这样的人是贵人，更是恩人。

我们一定要懂得回馈，是贵人指点迷津，醍醐灌顶。陷入迷茫的时候不知何去何从，内心困顿的时候不知心有多累，这个时候，如有人听你倾诉，为你剖析，把你指点，给你耐心和支持，即便你不能一下子豁然开朗，也会觉得心有慰藉，珍惜那些愿意真心对你好的人吧。总是替你着想的人，因为在乎才会如此，我们一定要知恩图报。感恩贵人，我们身边所有帮过我们，提携我们机会的人，因为有了他们的存在，我们的人生更加阳光和精彩！

朋友和贵人并不一定是给你荣华富贵的人，那种在你最艰难的时候，渴得要死的时候给你一杯水，饿得要死的时候给你一个馒头，当你爬不上去的时候推你一把，当你失去方向时候给你指点迷津的人，才是真正的贵人。那些在我们生命中帮过我的人，在我们人生遇到磨难的时候伸手相助的人，我们要把它深深记在心中，有时间一定去看望他们。

当你感恩的时候，你会发现你的心中是喜悦的。中国人讲究滴水之恩，涌泉相报，这个世界请你记住没有人应该对你好，所有对你的好，你都应该感恩。也许你会说，我也想感恩呀，可是我现在没这能力，感恩不了。没有关系，感恩不是东西，感恩是心。当你去感恩别人的时候，别人就会记得你；当你去感恩别人的时候，别人就更愿意帮助你；当你去感恩这个世界的时候，世界相互感恩，我们的人生就会变得更加精彩。

2. 命里度你的贵人

在人生中，当我们遇到困难的时候，有人雪中送炭，危难之中出手帮助的是贵人。可是，还有三种人也是贵人。

第一种，真诚批评你的人。他是贵人，是来度你的。良药苦口利于病，忠言逆耳利于行。能直言不讳地指出你缺点的人，肯定是你的贵人，虽然说出的话难听，但出发点是好的，真诚批评有时候比赞美更可贵，如果有幸遇到这种人，一定要好好珍惜。

第二种，伤害你的人。他是贵人，也是来度你的。辱骂你的人帮助你找到真理，欺骗你的人帮助你练就火眼金睛，打击你的人帮助你磨炼出一颗强大的内心，他们最后都成就了更好的你，请你相信苦尽会甘来的，劫后会重生。

第三种，是雪中送炭的人。不必说，他是明眼的贵人。锦上添花比比皆是，在你遇到难处时，倾力帮助的人，一定是你生命中的贵人，这种人比熊猫还珍贵，值得你一辈子珍惜。

说漂亮话的不是贵人，做实在事的才是贵人。贵人未必给你金钱，但一定能让你成长。人生最大的贵人不是父母，不是爱人，也不是朋友，而是那些无条件对你好的人，愿意帮助你的人。帮过自己的人，一辈子不忘；对自己好的人，一辈子不伤。他们都是贵人，值得真心去回馈，真诚去善待。

3.懂得感恩的人，身边的贵人才会源源不断

懂你的人是知己，帮你的人是贵人。做人一定要懂得感恩，因为这是一笔良心账。只要你懂得感恩，身边的贵人就会源源不断。有这样两个故事：

故事一：某公司王总，凡是别人帮他推荐业务，每次他都会准备两份礼物，一份交给介绍的中间人，另一份让中间人拿给办事的人，多年来，一直遵守这个自己制定的规矩。凡是帮过他的中间人都很意外，说他太客气了，帮助别人很多次，第一次见到这种人。于是那些帮过很多人办过事的中间人，刚开始求他办事的人，都带着很重的心意来感恩。后来呢，一些求人办事的人就跳过中间人，直接跟办事的人对接，把曾经的恩人搁置一旁。因此王总身边的朋友就不太理解了，说："王总，您也认识办事的人，用不着再找中间人了，直接找办事的人就行了。再说了，事情也都是办事人帮忙办的，中间人也没出力，第一次给礼物就行了。现在还给干吗呀，这不是浪费吗？"不过，王总不这样想，他说："没有中间人，没有朋友的帮忙和推荐，我们怎么能认识对方？我们不能不按规矩来，不然以后谁还会把朋友推荐给咱，什么叫贵人呢？就是这个人呢很贵很贵。那人家帮你了，你习惯性地给回报率，那下次你遇到事了，这个贵人马上就出来帮你了。"由于谁帮了王总，他都有这个潜意识，大家觉得他非常值得信任，又把更多身边的好朋友和贵人推荐给他。

故事二：老李开了一家公司，因资金没跟进，险些倒闭了，他的同行蔡总好心帮他渡过难关，把自己生意合作伙伴金总推荐给了老李。两年过去，老李的公司开始进入正轨。但老李越过蔡总，带着很重的心意找金总说："今年

公司想扩展业务，我跟您商量商量，想把蔡总的业务一起拿过来做。利润呢，我再多给你10%。你看怎么样？"金总心想："我的乖乖，想过河拆桥呀，这样的事可不能干。"但他不想直接撕破脸，干脆就直接不合作了。秘书就问金总："老板，李总多给出了10个点，这可是一笔不小的数目啊。为什么要拒绝呀？"金总说："因为最可怕的就是忘恩负义的人。别人帮了他，等他缓过来了，还要把当初贵人的业务也给独占。跟这样不懂规矩的人合作呀，看起来利润一时很大，但是你不知道他什么时候，也会因为一些利益把你给卖掉，损失将会更大。现在啊，他能做出对蔡总这样的事，以后大概率也会对我们做这样的事。"后来这件事，整个行业的人都知道了，谁也不跟老李合作了，老李又一夜回到解放前。所以啊，做事之前先做人，切勿做过河拆桥、卸磨杀驴的事，别人帮你了，你要心存感恩，即使你不想感恩，也不要去做损害贵人的事，这样做事才能走得更远更长久。

现在我们捋一捋，其实值得我们感恩的人并不多，也就只有咱的父母，咱的岳父母，咱的媳妇，咱的老师，经常帮助的人。感恩的原则是什么，就是不让对咱好的人吃亏，不让对咱有帮助的人吃亏，不去占人家的便宜，习惯性地感恩，用物质回报，像蔡总那样，对直接帮助和间接帮助自己的人送礼，这就是回报。习惯性地饮水思源、知恩图报，不让好心人心寒，不让贵人心寒。回报感恩是为了让咱发展更好，送礼回报是为了接触更多的贵人，送礼回报是为了让贵人更好地帮助咱。

4. 如何吸引贵人？

如果一个人经常得到贵人相助，是因为他拥有福气满满的磁场。

他本身就充满爱与感恩的能量，爱出者爱返，福往者福来。你只管善良，上天自有安排，同频相吸，同类相惜，相互珍惜，感恩相遇。当你真诚付出那一刻，天地感念，福报迟早会眷顾你。只管做好人好事，你感恩什么，你就会感召更多让你感召的事情；你给出的爱，你就会感召更多的让你感知到爱的事情和人到你身边。如果你想做一个非常具有人气，非常具有财运，非常能感召更多你喜欢的人、欣赏你的人、成就你的人到你身边，那你先必须做这样的人，你才能去成就这样一个生活的圈层。

那么，具体如何吸引贵人呢？俗话说，贵人扶一把少走十年路，下面介绍三个吸引贵人的方法：

一是感恩父母孝顺父母。一个人的财富，本质上就是一个人的德行和福报的兑现，而感恩父母的福报，是你此生当下得到的最大福报，表面上是我们在报恩父母，其实本质上是父母在给我们福报，在给我们能量。如果把我们的人生比喻成一棵大树，财富事业、人际关系都是这棵大树上的枝干和果实，而父母是我们的根，根壮，自然而然你这棵树就枝繁叶茂了。

二是报恩过去曾经常帮助我们的贵人。感恩什么，你会发现你就吸引什么，因为当我们感恩的时候，释放了一种强大的感恩的能量，同频共振，不断地吸引着相同频率的人来到我们的生命当中，那么帮助你的人就会来到你的生命当中。

三是帮助别人。成就别人，成为别人生命当中的贵人。因为天道无亲常与善人，当你帮助别人的时候，自然而然你的贵人就变多了。

四、逆境中学会感恩

"宝剑锋从磨砺出，梅花香自苦寒来。"学会感谢逆境，艰苦经历必将带来美好的幸运。

1. 化厄运为助力

人生在世，难免会遇到厄运，适度的厄运具有一定的积极意义。它可以帮助人们驱走惰性，促使人奋进。因此厄运又是一种挑战和考验。我们的生活因厄运变得丰富而多彩，我们的性格因坎坷而锤炼得更加成熟。在奋斗中升华自己，这就是逆境的意义所在！

那么我们如何消除厄运呢？首先珍惜和管理好所有人、事、物带给你的体验，把这些好的、不好的体验变成更多更强的智慧和爱。大道至简，正确的行动是最大的认知，请你一定相信人清理掉"对立、分离、追逐、评判、恐惧、匮乏、恨恨、受害"的幻觉，正知正念地活着，纯真纯净到只剩快乐、感恩、专注和表达爱。

2. 挫折磨砺勇者的心

巴菲特在给他女儿的忠告里面讲过这么一句话："挫折只会磨砺勇者的心。"人们总是为不期而来的意外烦恼不已，他们悲观失望，这个只会让自己的生活变得更糟糕，这样做真的很愚蠢，我们既然不能改变事实，那为什么不去改变对坏事的态度呢？心向着太阳就能开花，只有在风雨中走过的人们，才能在泥泞中留下自己的足迹，才能证明自己的价值。

"宝剑锋从磨砺出，梅花香自苦寒来。"任何一种本领的获得都要经过艰苦的磨难。平静、安逸舒适的生活，往往使人安于现状，甘于享受。而挫折和磨难，却能使人受到磨炼和考验，变得坚强。自古雄才多磨难，痛苦和磨难不仅会把我们磨炼得更加坚强，而且能扩大我们对生活的认识范围和深度。结果完全因人而异，苦难对天才是一块尖角石，对于能干的人是一笔财富，对于弱者是一道万丈深渊。的确如此，感恩生活中的逆境挫折，让我们更加勇敢地前行。世界上没有人终生一帆风顺，任何一个人都会遇到逆境，得不到信任、无端遭受打击和排斥，经济拮据，事业不畅等种种困难和不如意。许多人心存抱怨，却忽视了一条道理：逆境真的是磨炼人的最高学府，逆境几乎是所有伟人成功的基石。

人的一生中难免会面临很多的挫折，包括拒绝、打击，虽然遭到很多的不理解，但你都要学会选择坚强面对。人生就是一场修行，不管别人怎么对你，请记住这句话：你遇到的每一个人，其实都是来修炼你的，你要感谢在你生命当中扮演黑天使的人，是他们成就了你。没有磨难，你怎么会提升？你有没有发现人往往是在逆境当中最容易提升。你永远要感谢你逆境中的黑天使，因为是他成就了你。别抱怨，学会感恩才能在逆境中成长。

3. 逆境中，贵在感恩的心

我们都知道，《假如给我三天光明》这本书的作者是美国著名女作家海伦·凯勒，她出生后不到两岁就因病失去了视觉、听觉和说话能力，这位又盲又聋又哑的重度残障者，却创造了人生的奇迹。

她不但学会了读书、写作，而且完成了在哈佛大学拉德克利夫学院四年的学业，成为人类历史上第一位获得文学学士学位的盲聋哑人。海伦·凯勒在自传中这样说："我感谢大自然给予我温暖的阳光，我感谢父母给予我敏感的触觉，我感谢我的老师给予我美妙的知识。"就是这样一位重度残疾的少女，正是怀着感恩的心面对原本不公的命运，她甚至感谢上天赐予她的不幸，因为正是不幸使得她比常人更坚强，奇迹般地成为一名伟大的文学家。

是呀，我们在顺境中去感恩，那是理所当然的。但是在逆境中，我们大多畏怯了，有多少人能像海伦·凯勒一样存有感恩呢？面对逆境，我们可能更多的是抱怨、沮丧、放弃，因为逆境中的感恩是多数人难以做到的。逆境是以顺境为底色，诠释了它的深刻；顺境是以逆境为对比，放大了它的幸福。没有逆境，我们不会在顺境中懂得珍惜；没有顺境，我们也不会在逆境中一直坚持。因此，这一生无论遇上顺境还是逆境，都要心怀感恩。

可能你会这么想，别人伤害了我，对我有所亏欠，我怎么还要去感恩，又感恩什么呢？事实上，逆境中的因缘，正是让我们修炼隐忍的好机会。古今中外，凡有成就者都经历了逆境的磨砺。司马迁饱受汉武帝淫威，遭受了宫刑之屈辱，仍写出了不朽的历史巨著《史记》；汉朝张骞两次出使西域，皆沦落匈奴，但他忍辱负重，最终开辟了丝绸之路；唐代大诗人李白曾遭宫廷排挤、权贵谋害，最终迸发出"安能摧眉折腰事权贵，使我不得开心颜"这样痛快淋漓的诗句。

实际上，你应该感谢伤害你的人，因为他磨炼了你的坚强意志；感谢欺骗过你的人，因为他增长了你的认知；感谢让你摔跤跌倒的人，因为他强健了你的双腿力量；感谢看不起你的人，因为他增强了你的自尊；感谢抛弃你的人，因为他让你学会了独立；感谢批评过你的人，因为他增进了你的智慧。当一个人饱尝了人生的酸甜苦辣、历经了艰难挫折的洗礼，就会生发出从容淡定的气质品格。逆境中的感恩，是一种境界。感恩，不仅仅是对他人，它也可以是一种生活态度，是一种善于发现美并欣赏美的道德情操。感恩一切好的给我们带来幸福，感恩一切不好的增强我们追求幸福的能力。身处逆境，反过来要对上天给予的逆境心怀感谢，学会感谢逆境，艰苦经历必将带来美好的幸运。

五、感恩珍贵的情谊

人生就是一个不断结缘、惜缘、续缘的过程。也许是上辈子五百次的回头，才能求得今生的一次聚首。我们有什么理由不珍惜这难得的缘分，又怎能不好好地续下去呢？我们感恩父母，感恩贵人，感恩朋友，感恩爱人，感恩生命中遇见的所有人和事物，但是别忽略了还应感谢镜子中的那个我。

1. 珍惜与你不离不弃的朋友

先给大家讲两个小故事吧。

　　故事一：一天晚上，有只羊在山坡上玩，突然从树丛中窜出一只狼来，要吃羊。羊跳起来，拼命用角抵抗，并大声向朋友们求救。斑马在树丛中向这个地方望了一眼，发现是狼，跑走了；牛低头一看，发现是狼，一溜烟跑了；驴停下脚步，发现是狼，悄悄溜下山坡；猪经过这里，发现是狼，冲下山坡；兔子一听，更是箭一般离去。山下的狗听见羊的呼喊，急忙奔上坡来，从草丛中闪出，一下咬住了狼的脖子，狼疼得直叫唤，趁狗换气时，狼仓皇逃走了。羊回到家，朋友都来了。牛说："你怎么不告诉我？我的角可以剜出狼的肠子。"斑马说："你怎么不告诉我？我的蹄子能踢碎狼的脑袋。"驴说："你怎么不告诉我？我一声吼叫，吓破狼的胆。"猪说："你怎么不告诉我？我用嘴一拱，就让它摔下山去。"兔子说："你怎么不告诉我？我跑得快，可以传信呀。"在这闹嚷嚷的一群中，唯独没有狗。

　　真正的友谊，不是花言巧语，而是关键时候拉你的那只手。那些整日围在你身边，让你有些小欢喜的朋友，不一定是真正的朋友。

　　故事二：有年夏天，天气很热，有一队人出去漂流。其中一个女孩的拖鞋在玩水的时候掉到河里沉了底。到岸边的时候，全是晒得很烫的鹅卵石，他们要走很长的一段路。于是，女孩向队友寻求帮忙，但是却没有人帮助她，她忽然觉得这些人都不好，见死不救。后面有一个男孩将自己的拖鞋给了她，并告诉女孩，帮你的人是本分，不帮你的也是本分，毕竟大家都有自己的选择，所以不必用自己的思想去强制他人。

很多时候，习惯了别人对你的好，便认为是理所应当的。有一天不对你好了，你便会有了怨怼。其实，不是别人不好了，而是我们的要求变多了。习惯了得到，便忘记了感恩。

人这一生，我们认识的人很多、相知的却少之又少，有些人走着走着就进了心里，有些人走着走着，就淡出了视线。朋友或是情人，能走过三个月的，已不容易；能坚持六个月的，值得珍惜；相守一年的堪称奇迹；能熬过两年的才叫知己；超过三年的值得记忆，五年后还在的，应该请进生命里；十年后依然在的，那就是亲人了，成为生命的一部分了。

人和人相处久了，缺点会渐渐暴露出来。当对方把你看透了，却依然不嫌弃你，那就是真心。你的脾气和行为会赶走许多人，但也会留下最真的人。人活着，不是你认识有多少人，而是你落魄的时候，有多少人认识你；人活着，不是仰望你有多少人，而是你落魄的时候，有多少人敢接近你；人活着，不是关注你的有多少人，而是有多少人真的关心你。时间是最好的过滤器，留下来的就是相互适应的有缘人，唯有珍惜才会长久，无论爱情友情还是亲情，不去经营都会形同陌路人，感恩所有的遇见，在这个善变的年代，且行且珍惜。朋友不用多，真诚就好；感情不论久，用心就好。感恩对我们不离不弃的所有朋友。

2. 要记住爱人的好

有这样一对夫妻，结婚不到三年就离婚。其实他们两人并没有什么大的冲突，只是一些日常琐碎的小吵小闹日积月累，竟成了不可调和的矛盾。争强好胜，谁也不肯让步的结果是劳燕分飞、分道扬镳。后来他俩才如梦初醒，婚姻就像打理生意，是需要双方去精心经营的。

世间确实存在因为一见钟情而走入婚姻的殿堂，并且过得很幸福、很美满的两个人，但那只是少数，况且那样的幸福日子，也是通过主人公用心经营才得来的。许多日久生情建立起的爱情，从最初的互相妥协、包容，到后来一起经历的平淡和琐碎，种种悲欢离合累积了岁月，也加固了两个人之间的情感。这样的爱情，既不乏牢固的基础，又彼此熟悉、彼此依赖，成为各自生活生命中的一部分，难以割舍，不离不弃。

我们常说感恩，就是记得别人的好，给予加倍回报。这说起来简单，做起来难，而能做到的人更是少之又少。有这样一件事：一个聚会上，一位朋友当着众人的面夸起了妻子。他说妻子把家里的家务活全包揽了，每天变着花样给他做饭，孝敬公婆，还专门学一套按摩方法，在他累时给他按摩。夸他妻子时，他的眼眶竟湿润了。然而不知从何时起，爱情和婚姻被模式化了，养家糊口就该是男人的事，在累死累活、人事倾轧中浮沉。胜者，养活一家子，这是责任；败者，该跑了老婆、丢了孩子，不会有人怜惜。女人就该照顾家，把家收拾得干干净净，将丈夫、孩子、公公、婆婆伺候到位。女人享受男人的物质，男人享受女人的体贴照顾，即使得到很多，仍觉得对方为自己做得不够，更不会感恩对方，一颗沉浸在爱里的心逐渐变得麻木、迟钝，甚至牢骚满腹。

那位外表粗糙的男人，有一颗细腻感性的心灵，他能体会到妻子对他无微不至的爱，我们也相信他的妻子能为他付出一切，因为他肯定也同样为她付出了全部。爱从来都是相互的，可是他却绝口不提自己的好，只夸赞自己的妻子。他记得她点点滴滴的好，觉得自己怎么报答也不够。

没有谁注定欠你的，要照顾你、哄你、爱你一辈子，所以我们要学会感恩地爱，默默地回报，就像溪流的两岸，彼此牵手相依偎，爱情才会细水长流。

有人说，爱情不是一本书，你可以放到书柜里保存五十年而不变质；有人说，爱情是一种植物，需要浇水照料，让一个人每天给同一种植物浇水，需要足够的耐心。而台湾女作家罗兰女士则说出了美满婚姻的秘方："婚后的幸福只有一部分建立在婚前的选择上，而大部分要靠婚后的适应，全凭日后你自己怎样去耕耘。"诚然，要浇灌出甜蜜的爱情之花，需要夫妻间双方的沟通，爱情，永远是两个人的事情。

人生就是一个不断地结缘、惜缘、续缘的过程。也许是上辈子五百次的回头，才能求得今生的一次聚首。我们有什么理由不珍惜这难得的缘分，又怎能不好好地续下去呢？

3. 感谢自己

我们感恩父母，感恩贵人，感恩朋友，感恩爱人，感恩生命中遇见的所有人和事物，但是别忽略了还应感谢镜子中的那个自己。你要大声对自己说：

谢谢亲爱的自己，一路走来，你爱过很多人，请别忘了最值得被爱的还有你自己；谢谢亲爱的自己，你经历过责难和不理解，遭遇了难堪和不平等，如今，你反而愿温柔地对待生命里的一切；谢谢亲爱的自己，你熬过了无数个漫漫长夜，即使心里有风暴，依旧在风暴中稳住自己，继续笑对生活；亲爱的自己，在每个日常面前，请懂得呵护自己，用喜欢的方式滋养自己，照顾好自己，把好日子过得有诗意；亲爱的自己，在各种欲念面前，请守护住自己的初心，按照自己的韵律，一步一步地呈现，外界的喧嚣和我们并没有关系；亲爱的自己，在一切失败面前，请不要对自己产心怀疑，错误也是新的开启，可以更新自己的眼界与格局；亲爱的自己，在所有关系面前，请好好地拥抱自己，不要害怕别人的眼光和忽略，不管经历什么故事，请保有对世界的温情和善意；亲爱的自己，在灾难和疾病面前，请回到内心深处的平静，恐惧和不安来自我们心里，要心存美好，勇敢地走向真实的你。

下面，让自己平静下来，好好感谢自己的这个身体。它带着我们跑了一天，工作了一天，忙碌了一天，该休息了。我指挥身体上山，我指挥身体下地，我指挥身体过河，都是我的念头，这个无形在决定着这个有形，睡觉的时候都停下来了，好好感谢一下这个身体吧。

感谢你陪伴一天，我没有跟你握过手，没有跟你拥抱过，让我们紧紧拥抱一次吧。是的，敞开心扉，把所有的东西都丢掉，把所有的苟且，把所有的不安全丢掉，拥抱自己，真正地拥抱。一辈子很短，要好好爱自己，你的优秀，要遇到欣赏的人，你的真诚，要遇到珍惜的人，你的善良要遇到感恩的人。

亲爱的自己，请记得不要恐惧年岁的衰老，时光的飞逝，抓住当下，当下就是那个最年轻的自己。不要抱怨父母的催婚，坎坷的情路，积极地面对生活，爱神一定会降临。不要苦恼工资低工作忙还万分心累，工作从来都是辛苦的，适当舒缓压力提高效率，不要自以为是，自欺欺人。天外有天，人外有人的情况太多，请远离舒适区。

六、感恩人生的对手

对手也是你的另一位贵人，当一个人有问题有缺点的时候，喜爱你的人不敢提，只有你的对手、你的敌人才会提，你明智的选择就是兼听则明。事实上，真正促使我们能够坚持到底，从而到达成功彼岸的，往往不是亲人和朋友，恰恰是生存竞争中的对手。正是那些常常可以置人于死地的打击、挫折，使我们能够振作起来，置之死地而后生。在人生的体验中，你是不是有这样的感受呢？

1. 爱你的敌人，感谢你的敌人

有一种人，天天在研究你身上存在的问题，找你的缺点，这种人就是你的敌人，他可以清楚地说出你的所有问题，而且一针见血，他不怕你生气，你越生气他就越说，你没有花一分钱就能让他研究你，你不感谢这种人感谢谁呢？只要有空，他就会想到你，天天都在研究你，替你找出你所有的缺点。所以，下次有任何你认为的敌人、死对头提出对你缺点的任何批判，你都要赶快谢谢他，赶快请他喝咖啡，但是不能对他太好，因为这样的话他下次就不提你的缺点了。你有没有发现，好朋友都不敢互相批评，因为怕得罪，不能当朋友了，而那些死对头一定会跟你讲"针"话，一针见血的"针"，他并非你的朋友，也不怕得罪你，他的话会让你变得更好，这是另一种形式的激励。

如果你现在出了一些问题，可以去看看是谁在攻击你，就知道你要感谢谁了，这就是人性，因为自己是找不到自己的问题的，俗话说："当局者迷，旁观者清。"真的是这样的，我们人生最重要的贵人，永远是你的竞争对手，你要感恩你的对手。

金一南将军曾这样讲："小成功需要朋友，大成功需要敌人。"做点小买卖，搞个小店、弄点资源，需要朋友；大成功则需要敌人，我们就需要这样一个家伙，整天在我们身边敲边鼓提醒我们，他使我们清醒，让我们不要懈怠，推动我们继续前进。

2. 生于忧患，死于安乐

你知道"鲇鱼效应"吗？"鲇鱼效应"的本意是指，在鲇鱼和沙丁鱼共同生活的环境当中，由于鲇鱼的不断搅动，也激发了周围沙丁鱼求生的本能。有这样一个事例：

> 在挪威，人们都喜欢吃沙丁鱼，但由于沙丁鱼喜好群集、生性懒惰，捕到活鱼往往不是一件容易的事情。渔民们想尽一切办法，想让沙丁鱼活着到渔港，但常常不能如愿。
>
> 然而有一条渔船却总是能捕到活鱼，直到后来大家才得知，这位船长每次捕鱼时，都会在鱼槽里放几条生性好动的鲇鱼，沙丁鱼受到影响后便会加速游动，促进了空气的流通，捕到活鱼的概率就大了很多，这就是著名的鲇鱼效应。生于忧患，死于安乐。沙丁鱼正是因为有了鲇鱼这

样的对手，才会因为害怕，而不停地活动起来，因而生存下来。在现实中，鲇鱼效应时常出现在企业管理当中，指一家企业通过某种手段，来激发员工们的积极性，从而使企业的业绩获得稳定增长。

我们其实也和沙丁鱼一样，因为人也是天生有惰性的，如果我们在生活中没有对手，我们就会长期处于倦怠的状态。缺少了敌人，我们能够安全地活着，但缺少了对手，我们的惰性自然而然就会产生，促使我们走向懈怠和堕落。

一种动物如果没有对手，就会变得没精打采。同理，一个人如果没有对手，那他就会甘于平庸，养成惰性，一生庸碌无为；一个群体如果没有对手，就会因为相互依赖而缺乏活力，丧失生机；一个行业如果没有对手，就会安于现状、坐享其成，逐步走向衰败。对手给了我们争强好胜、发愤进取的理由，是我们的对手给了不甘平凡的我们一个努力拼搏的机会。很多时候，我们的发愤图强，都是因为别人的一句话，甚至一个嘲讽的眼神。所以，从某种程度上来说，我们应当感谢我们的对手，是他们让我们在逆境中学会坚强，是他们让我们学会笑着流泪。人生一世，正因为有了强劲的对手，才使得我们不得不奋发图强，不得不革故鼎新，不得不锐意进取。否则，只有等着被吞并，被替代，被淘汰。

有人说，对手是要战胜的对象，要想尽办法击垮他；有人说，对手是竞争的伙伴，要在竞争中共同进步；有人说，对手是要攀登的高山，征服它就能体现自身的价值；也有人说，对手是辩友，失去了一方，另一方也会失去意义；还有人说，对手是我们最该感谢的人，没有对手，就没有进步的理由和动力。

确实如此，真正促使我们坚持到最后，并最终让我们到达成功彼岸的，往往不是亲人和朋友，恰恰是生存竞争中的对手。

3. 对手是我们最该感谢的人

奥斯特洛夫斯基说："人的生命似洪水在奔流，不遇着岛屿、暗礁，难以激起美丽的浪花。"人生的确如此，而对手恰恰能让我们的人生更丰盈。

阿华与阿和两人是很不对脾气的同事，在工作方式、为人处世上有着天壤之别。阿华奉行的是"事缓则圆"的工作原则，而阿和则是雷厉风行、一往无前；阿华奉行的是"对人对事退一步"的为人处世原则，而阿和则是典型的"得理不饶人"，只要认为自己是对的，就从不给人留面子。

这样一来，他们在日常工作中便产生了不少碰撞。不知为什么，阿华与其他同事都能和谐相处，但唯独对阿和，他就是做不到"退一步"，结果可想而知。他们除了必要的工作交流，几乎不说一句话，甚至在路上遇到连个招呼都不打，而且在工作上两人还暗暗较上了劲。

奇怪的是，两人的工作业绩却一直不相上下，每季度末业绩测评不是阿华第一就是阿和第一。阿华的长处是和客户关系好，有固定的客户群，而阿和则总能不断吸引新的客户加入。他们的短处也很明显，阿华吸引新客户的能力平平，而阿和的客户往往做不长久，因为他的脾气太直了。为了胜过彼此，他们都在努力弥补自己的短处。就这样斗了一年多，有一天，阿和突然宣布要请大家吃饭，原来，他就要离开公司了。在那顿告别晚宴上，他喝得酩酊大醉，突然，他拉着阿华的手，说了半天"谢谢"。他说，因为有了阿华，他才会不断努力提高自己的业务水平，才有了这次跳槽到其他公司担任更高职务的机会。他边说边看着阿华，眼睛里竟然有亮晶晶的泪水。那天，阿华被阿和紧紧拉着手，心里竟然也有些舍不得他走了。

不久之后，阿华也被提拔为公司的业务主管，这时他才明白，自己原来与阿和就代表着职场中最常见的两种人：心细谨慎型和胆大敢为型，两人表面上彼此矛盾，但实际上却是彼此互补。正是因为彼此有了这样的"对手"，他们才会时刻感到一种压力，而这种压力会转化为动力，激励着他们不断提升自己。

对手，尤其是工作中的竞争对手，不仅是希望和目标的争夺者，有时甚至还给我们的人生道路带来诸多不便与坎坷。因此大多数人总是用敌意的目光来对待对手，但阿华与阿和两个人的事例恰恰给了我们很大的启迪，聪明的做法是我们应该善待对手，感谢对手。

现实生活中，没有对手，我们会很寂寞。事实上，真正促使我们能够坚持到底，从而到达成功彼岸的，往往不是亲人和朋友，恰恰正是生存竞争中的对手。正是那些常常可以置人于死地的打击、挫折，使我们能够振作起来，置之死地而后生。如果生活是一潭湖水，那么对手如一颗石子，让平静的生活泛起阵阵涟漪；如果生活是一抹黑夜，那么对手如闪烁的星星，让平庸的生活亮出自己的光彩。所以，我们要在心底默默地说一声："谢谢你，我的对手！"

七、用感恩的心做人

以爱之心做事，以感恩之心做人。一个懂得感恩的人，他的贵人就一定会很多。人有了感恩之心，才能以更积极的态度经营自己的人生。生活是一面镜子，当你心存感恩，生活也将赐予你灿烂。

1. 感恩之心有助成长，促就事成

每个人都会遇到困难。有时也会遇到很大的考验。人们都希望生活中没有困难，但这等同于小孩子不想成长。人在战胜困难的时候，生活的意义才会更加深广。所以当困难来临时，必须战胜困难。那么如何战胜困难呢？

人生在世必遇患难，如同火星飞溅。我们在这个世界上会有一些苦难。正是因为这些挫折和苦难，使我们能够战胜眼前的困难。有的时候，在生活中也会得到很大的帮助，心中被感激充满。可是随着时间的流逝，人们的感恩之心，渐渐地被淡忘。在这世界上有无数的欲望，当心里被欲望填满的时候，内心会感觉到很无助，也常常抱怨。如果充满着感恩之心，就算别人做错了也会理解和宽容。我们在小的时候，父母就用爱遮盖了我们的软弱和错误，所以我们才能健康成长。怀着感恩之心生活的人，心灵的力量要强大得多。无论遇到什么事情，都不会退缩。

还记得在小的时候。喝水要去水井打水，现在打开水龙头就出水。这是不是应该心存感谢呢，可是慢慢地，那感谢之心丢失了。当怀有感恩之心，我们的艰难和困苦都能跨越过去。想一想吧！你都有哪些感恩的事情？感恩的人？

心存善念，才能满怀感恩之心。此时此刻给父母发个信息或打个电话吧，表达养育之恩！给爱人发个信息吧，表达感谢一起生活，相依相伴！给子女发个信息吧，谢谢你能成为我的孩子！给你想感谢的人发个信息吧，表达心意，表达幸福！

2. 用感恩的心对待工作

用感恩的心对待工作，就不会为名所诱，为利所惑，应该多想想什么事能做，什么事不能做，任何时候都决不做损害工作单位利益的事。当一个人能够心怀感恩，把全身心彻底融入工作之中，当积极和热情成为一种习惯时，便拥有了回报——快乐情绪能够带来业绩，个人的职业生涯就会变得更为圆满，事业也更有成就。这样更可感受到双重的循环乐趣：工作不再仅仅是一种职业，更成了一种享受。

"用感恩的心对待工作"，这不是一句漂亮话，而是经验之谈。岗位为你展示了广阔的发展空间，工作为你提供了施展才华的平台，为我们的聪明才智找到萌芽的土壤。单位为我们提供了工作的位置，让我们得到训练，从而掌握新知识，学习新本领，在工作中获得珍贵的经验，从而逐步实现我们人生的最高理想和最终目标。

我们应该学会感恩，感谢老板或领导给我们提供工作机会，感谢他们给我们施展才能的舞台，甚至感谢老板或领导让我们有了生存的平台。在感恩之心的驱使下，才能成为新时代的优秀员工，完成老板或领导交代的任务。

用感恩的心对待工作，就会对工作单位忠心耿耿，对工作积极负责，就会热情奔放、激情洋溢，就会主动工作，少找理由，多出成果，千方百计、不折不扣地完成上级下达的各项目标任务。每个人在工作中都会遭遇困难，关键要凭借感恩的心态去克服。

3. 心存感恩，笃行致远

草感地恩，方得葱郁；花感雨恩，方得艳丽。因为感恩，才会有多彩的生活，人间温暖；因为感恩，才让我们懂得了生命的真谛，才能成长。

提起感恩，有人可能会想到感恩父母，感恩老师，感恩朋友等。但我觉得，还有一个人要感恩，那就是感恩自己。感恩自己的拼搏再拼搏，感恩自己的努力再努力。感恩自己，能在狂风暴雨中"咬定青山不放松"。所以从现在起，学会感恩自己。

有句话说："你这一辈子可以不成功，但是不能不成长。"从我们迈入高中校园的那一刻，就意味着我们不再是一个孩子，而是一个"小大人"。转眼间，我们迎来了自己的成人礼，迎来了上大学，参加工作。回首过去时光，自己拼搏努力的场景历历在目。都说将来的你，一定会感谢现在拼搏的自己。你若爱，生活哪里都可爱；你若恨，生活哪里都可恨；你若感恩，生活处处可感恩。请记住，保有一颗上进的心，才能把日子过得热气腾腾，生活原本沉闷，但跑起来也会有风，所以我感恩自己。

我们不能改变出生的大地是贫瘠还是肥沃，但能深深扎根进土壤，开花结果，使梦想加入征程，风雨兼程，不懈追寻。拥有感恩之心，能让你获得源源不断的前进动力。我们不愿随波逐流，也不想要孤芳自赏，我们的目标是做一颗星星，有棱有角还会发光。

小时候梦想成为超人，幻想自己能拯救世界。现在回想起来，耳边会响起那首歌里唱的："他们说成为超人会很累。但是没有挑战真的太乏味。"人生就像万箭齐发的战场，我们大无畏地冲锋向前，到最后难免遍体鳞伤。但是真正的超人不会临阵退缩，反而会越战越勇，因为他们会把伤口当作勋章，也会让伤口长出翅膀。

学会感恩自己，在受到挫折的时候，让自己无助的心灵停靠在宁静的港湾，疲惫的身心获取新的能量。感恩自己，当攻下一道难关时，别忘了给自己一个微笑。感恩自己，每实现一个小小的超越，一定要给自己一个大大的拥抱。蜕变常伴随着苦痛，成长的路上，一定别忘记感恩自己。

参天大树下，你会看到金黄的枯叶蝶，那是大树感恩自己；荷塘里，你会闻到幽幽的荷香，那是青莲感恩自己。成长的路上，我们常怀感恩之心，感恩自己，快乐常伴，不负青春好时光。

4.用爱之心做事，以报恩之心做人

你是不是会发现，你对别人的好，就像一颗糖，吃完了就没了。相反，你的不好，就像一道疤痕留在其他人的身上，会永远存在，这就是人性！如果有那么一个人，因为你的一点点好，就会原谅所有的不好，并永远记得你的恩德，这样的人，你应该好好珍惜吧！因为大多数人，只会因为你的一点不好，而忘记你所有的好。谁不是一边受伤，一边成长？谁不是一边流泪，一边坚强？说到底人生的百般滋味要自己尝，难言的苦痛要自己扛，飘摇的风雨要自己挡！

不摔一跤，不知道谁会扶你；不遇一事，不知道谁会帮你。求人如吞三剑，靠人如上九重天。人与人，不是都可以信任；心与心，不是都愿意付出诚恳。雪中送炭永远比锦上添花更值得珍惜。一个懂得感恩的人，他的运气一定不会太差。感恩是一种素质，感恩是一种文明，感恩是一种智慧。人有了感恩之心，才能以更积极的态度经营自己的人生，才能客观理性的对待成长中的挑战。生活是一面镜子，当你心存感恩，生活也将赐予你灿烂。

第四章

认知觉醒掘潜能

一、突破固有的思维

人的潜能是无限的，每个人都隐藏着一种特别的潜能，每个人都有干出一番事业的可能。如果你安于现状，你将逐步被淘汰；逼自己一把，突破自我，你将创造奇迹。这一章，我们一起探讨如何激发自身的潜能。

1. 你的思维被什么局限了

一个人的底层思维是从出生到长大所接收到的信息塑造的，因此底层思维一般由父母长时间输入所形成的，而这些思维会影响你的行为法则，尤其是在做重大决策的时候。另一个影响决策的重大因素是你周围的人。无论是决定你底层思维的生长环境，还是在你决策时候周围的人，都可以看作你身边的环境。大多数时候，你所在的环境决定了你所能接收的信息，从而进一步决定了你的命运。

思维往往被眼界和心胸局限，具体来说可以分为物质和信息两个层面：一个再聪明的人，在一个局限的环境里，都难以保证自己的视野不受限制；而一个原本思维开阔的人，一旦没有物质条件做支撑，也很难摆脱柴米油盐酱醋茶的局限思维。

2. 开动你的意识，突破三维空间

你也许会说，我的思维呆板，已形成局限性的思维，可能无法跳出目前的思维限制。是的，你的担心很正常，能不能跳出思维限制，确实是需要一定条件的。这个条件就取决于自身的观察能力和思维方式。

我们知道，有些人呢，天生思维就是发散的。发散性思维的人缺乏全局观，性格多变。如果你身边有这样的人，你会发现这种人悟性很高，但没有常性，很难能捕捉到他们在想什么，做事很直接，不愿意由基础开始。他们的思维是直接的，是处于金字塔塔尖的思维。

还有些人的思维是线性的。他们的思维是单一的，能很快找到一个事件前后关系。他们属于经验主义，不接受也不愿意接受新鲜事物。这类人思维破圈需要有联系的。他们的兴趣多围绕主线来开发，不适合一上来就直接操纵，需要搭建基础慢慢成长。

知道了思维有发散性思维和线性思维，那么就对照以下特点，找出自己属于哪一种类型，以便针对性地突破自己的思维模式。

人性是懒惰的，思维也是懒惰的。突破自己的思维模式还必须提升自己的认知，只有不断地学习和实践，才能提高自己的观察能力。当然，突破思维限制会让人感到头痛和痛苦，只有不断地痛苦，寻求自身改变，才能突破原有思维局限。

能跳出思维界限的人，都有一个本事，就是求同存异。即使面对他们讨厌或不喜欢的人，都能沉下心来去听他们讲什么。所以，想跳出去，就要有接受别人和自己思维不同的能力。你尊重别人的三观，那么你一定很难跳出现有的思维限制。当你可以尊重别人的三观，发现别人的优势，同时，还不影响自己的三观，这样，你的思维就突破了。

另外，自己还要有悟性，但不一定要全部悟透明白。有智慧的人，只学极致的东西——只抓本质，根本不在乎表象。比如一个美女主动跟你搭讪，智慧的人会与对方交流。这种人会思考，但不去思考她长得多漂亮，先思考她为什么来搭讪，然后交流求证。至于美啊，还是声音啊，还是香味啊，那些都是表象。

你可以这样理解，思维境界高的人，他们只用意识。人有"六识"，分别是眼、耳、鼻、舌、身体、意识。人们学习、生活、经验也是用这六识。意识之外的五官都存在于三维空间，能突破三维空间的只有意识。

所以，只有开动你的意识，用你的思维思考的时候，才可以突破三维空间。意识可以回忆历史，可以回溯上一个时刻，也可以预判未来下一个动作。顶级思维的人，他们搭建思维模型的时候，就会屏蔽掉六识中的其他五种。

当你遇到一个人，你不关注他美不美，声音好不好听，他的身体高大还是矮小，你只关注他所做的行为背后的意思、他语言背后的意思，你就会有意想不到的惊喜。

3. 突破自己固有思维

当下的环境，我们每个人都会有自己焦虑的事。为什么会这样呢？因为我们的思维被局限了。信息时代，每天足不出户就能游览世界、观看天下。看上去我们每天都在接收不同的资讯，只要拥有一部手机，就能紧跟时尚的潮流，掌控一切。但被掌控的，其实是我们自己。信息过载后造成的结果就是，人们被困在这些信息里，连独立思考的能力都失去了。琐碎的网络信息迫使我们构建了一套只会接收、不会输出的思维系统。这套系统根植于我们的大脑，它表面活跃，可内在却如一个巨大的空洞，外界稍有刺激，里面就会发出来自四面八方的回响，瞬间使人慌乱、焦虑。那么，如何去打破这种固有思维，找到真实的自我呢？

（1）拆掉"安全感"这堵墙。"安全感"是一个力量强大的主人，它用一间看不见的牢房来囚禁它的奴隶们。无论是在我们的生活中、工作中，还是爱情中，我们总是会遇到"安全感"的问题。

有的人没有足够的闲钱去买房，不惜借银行的钱，借朋友的钱，只为拥有一套让自己看上去体面一些的房子，然而房贷一还就是几十年。中国汉字里的"家"，上半部分是个宝盖头。追根溯源，我们不难看出，自古以来中国人对于房屋的要求——有了屋子才有家。所以这种安全感，是历史蔓延至今遗留下来的。可现在的我们真的一定要买房吗？

明明不喜欢这份稳定的工作，想要去做自己真正想做的事情，却偏偏碍于父母和亲朋好友的面子，再三犹豫，纠结过后选择得过且过，最后安慰自己："就这样吧，也挺好。"这种工作上的选择，不过是一边陷在舒适的环境里不愿自拔，一边又打着梦想的幌子想象而不做出改变。可我们真的不能够离开舒适区吗？

在感情里，总是想让对方关心自己，然后不断地试探，不断地索取，直到最后对方转身离开，心里却说："瞧，他真的不爱我了。"这是爱吗？这不过是自身缺乏安全感的一种恐惧。你试着问问自己，真的不能一个人好好活下去吗？

我们无法完全掌控全局，而又无比依赖当下的情况，这就使我们不知不觉间被困在了"安全感"这堵墙里。那么，如何拆掉"安全感"这堵墙呢？

一是小范围地冒险。著名的天主教工作者特蕾莎修女有句话："上帝不是要你成功，他只是要你尝试。"我们完全可以在一个相对安全的环境下，尝试小范围的冒险。

二是远离那些太容易获得的安全感。孟子曾有言："生于忧患，死于安乐。"如果要害一个人，让一个人恐惧，没有自信，就给他提供无须努力就可以获得的安全感，这实在太有效了。而有些父母，应该就是这么做的。所以，远离那些容易获得的安全感。包括过于关心你的父母，一张可以任意刷的卡，一个不会犯错的任务和一份日复一日工作。

三是珍爱生命，远离恐惧。少看一些凄惨、恶俗的电影或电视剧吧。多和简单快乐的人在一起，看一些正能量的书籍，做一些快乐的事情。

四是写成功日志。可以养成一个写日志的习惯。这本日志可以是一本书，也可以是一些便签。试着每天记录 5 件个人成果，任何小事都可以。在日后翻看的时候，就会发现自己勇敢坚强的一面，久而久之，会提升自信心。

五是面对恐惧，触底反弹。恐惧分为三个层次：恐惧本身、害怕失去、觉得自己没有能力去应对失去。其实恐惧就像是一个懦夫，当你触及它的底线，接受事情最坏的结果，然后开始准备和它大干一场的时候，它早就不知道躲去了哪里。

六是明白安全感不是从别人身上索取的，而是自己给的。

安全感不是从别人身上要什么，而是自我内心深处的强大。当你带着对自己的关爱而不是对别人的期待投入生活，会发现希望与乐趣接踵而来。

（2）拆掉"心智模式"的墙。我们每个人都会因为所处的环境、所经历的事情，逐渐形成一套属于自己的思维模式。举一个例子：

在一条狭窄的山路上，一个货车司机正在驾车爬坡，他已经开了 3 个小时的车了，有点昏昏欲睡。就要到坡顶的时候，迎面来了一辆车，车上的司机伸出头来，伸手指了一下他，对他大喊："猪！"嗖的一声，两车擦车而过。他的瞌睡劲儿一下子没了，马上也伸出头，冲着那辆车的背影大声骂道："你才是猪！"他得意地回过头来，看见前面有一群猪正冲过来，他大喊一声："天啊，好多猪！"他刹车不及，掉沟里去了。

对面的司机只是告诉他前面有猪，但是他却带着固定思维定式，以为这是一句侮辱人的话。这个例子清楚地说明了一个问题：人们总是会按照自己过去的经验和记忆，处理看到的部分世界，然后在脑子里面构建一个自己的世界。而这个思维定式加上一套固定的"思维程序"所搭建的内在世界模型，就是我们的心智模式。

那么我们该如何拆掉"心智模式"这堵墙呢？

有一段著名的祈祷词说得很好："愿上帝赐给我一颗平静的心，去接纳我所不能改变的事物；赐我无限勇气，去改变那有可能改变的东西；赐予我智慧，去辨别这两者的差异。"我们所要做的，就是找到我们内心世界中可以突破的地方去突破，找到那些不能突破的地方去接纳。

每个心智模式都有局限。老子有言："道可道，非常道。"每一个心智模式的背后都有相对应的对世界的假定，也有着相对的局限性。这也就是我们常说的："凡事无绝对。"人们内心的心智模式、思维方法和心态要随着环境的变化而变化。所以心智模式无所谓对错，只有是否有效之分。

努力不一定有回报。要想有回报，这其中有一个前提条件，那就是努力和选择的方向是正确的。如果选择不对，那么错误的努力比不努力还要可怕。"是金子就会发光"这句话在现在看来，已经不是一个真命题了。在当下这个时代，如果真的是金子，那么要做的事情不是等待着被照亮，而是要找到让自己发光的方法。

不是只有找到热爱的事物时，才全力以赴去做。很多人都会说，不是我自己真正喜欢的事物，我是不会全力以赴去对待的。但有时，你需要先去做，才能够发现什么是你真正热爱的事物。而不是什么都不做，傻傻地等待事物找上你。

（3）拆掉"成功"这堵墙。很多人都想要走向成功，可究竟什么才是"成功"？若是和巴菲特、比尔·盖茨、马云这样的人来比，那我们很多人这辈子可能都与成功沾不上什么边。所以，参照物不同，定义也就不同。想要靠近成功，要先明白两点：我们永远无法完全复制别人的成功，但我们却可以各方借鉴，然后总结出一套自己的方法，去实践；不要总是用别人的标准来定义成功，那套标准未必适合自己。

当我们把成功的定义放在外界，就会陷入一种不可控的焦虑，一种得到前恐惧、得到后空虚的生活当中。因为你的天花板是别人的地板，而你总在向上看，从来没有留意过身边的风景。可当我们把成功的定义放在内心，就会获得可以掌控的幸福，获得那种贯穿始终的幸福生活。

（4）拆掉"父母都是为你好"这面墙。不知道大家有没有从父母口中听到这样的话："如果你不按照我的计划发展，你知道我有多伤心吗？我这辈子把你养大，现在过得这么累，全都是因为你！"是不是很熟悉？

很多的父母一再告诫自己的孩子：你的幸福就是我的全部，只要你幸福，我们做什么都可以。你觉得这是动力，还是压力？

父母为孩子苦心写好一场生命的剧本，仔细打磨，多方求证，打理好所有演出所需的明暗规则，只等孩子戴着面具，上场表演他们写好的剧本，等待他们在看台下的掌声。而孩子们戴着面具怨气表演，最后无法掩饰内心的难过，甩掉面具罢演。

那么，我们该如何改变这种现状？

在如今这个多元化的世界中，坚持自己的想法是一件需要勇气但是绝对值得的事情。所以，要想让父母停止对你的干涉，首先，就是要大胆说出自己的想法。其次就是行动并坚持去做。这期间，父母肯定会非常生气，感到绝望，觉得孩子长大了，有想法了。可若是你继续坚持，并小有所成，父母便会开始怀疑自己的判断。直到最后，你会证明自己，同时也将获得他们的支持。而这些都需要一个过程，不要畏惧他们的反对，而是鼓起勇气证明自己。

上面提到的这几点，源自《拆掉思维里的墙》一书，将书中的内容梳理了最重要的几点，分享给你，希望能够帮助到你冲破一些固有思维，开辟一片新的天地。人最不该被束缚的就是思想，希望我们都能拥有自己独立思考的能力，过与众不同的人生。最后，送给你一句共勉的话：不要给人生设太多的界限，充分地去尝试，足矣。

4. 突破思维界限的途径

下面，我们从另一个角度谈谈突破思维界限的途径，那就是我们的觉醒。人一旦觉醒，便跳出了固有思维的限制，开启了"上帝视角"玩转人生。每个人都有无限潜能，只是后天被固有的观念和思想给封印了，比如固有思维。固有思维是什么？怎么形成的？有什么优势和危害？每一个问题背后都有复杂的因果关系。固有思维，在佛教里面有个类似的词条："我执。"即执着自我的缺陷、欲望，固执己见。佛法认为，这是一个人痛苦的根源。

在你的生活中，无时无刻不处在"我执"中，你自己固有的思维，执念，别人或者你身边的亲人想要说服你，减少你的固有思维，何尝不是另一面的固有思维。"一花一世界，一叶一菩提。"对大人来说，你的人事关系有多宽，你的见识经历有多广，你的固有思维就有多大，仔细观察小孩，他们的世界就那么点大，他们的固有思维就比大人窄得多。

但人类发展至今，已经饱受小我的控制和折磨，长达好几个世纪，越来越多的人渐渐觉醒。这一点你得坚信，作为有缘人的你正一步步地走向觉醒之路，唤醒你内在的无穷潜能，改写你的生命剧本，开启你的第二人生。希望你醒悟过来，去激活你本该有的潜能，这样，你就活得通透明白，可以破除思维局限，开启你无限的潜能。

二、强大的逆向思维

运用逆向思维，会让你看透所有事物的本质，只要我们积极生动地运用逆向思维，就能够拓宽和启发思路，从而提升我们的思考能力。做大事的人，一定要懂得逆向思维。

1. 什么是逆向思维?

逆向思维也称求异思维，它是对司空见惯的似乎已成定论的事物或观点反过来思考的一种思维方式。即当大家都朝着一个固定的思维方向思考问题时，而你却独自朝相反的方向思索，敢于"反其道而思之"，让思维向对立面的方向发展，从问题的相反面深入地进行探索，树立新思想，创立新形象。

人们习惯于沿着事物发展的正方向去思考问题并寻求解决办法。其实，对于某些问题，尤其是一些特殊问题，从结论往回推，倒过来思考，从求解回到已知条件，反过去想或许会使问题简单化。

《司马光砸缸》就是很好的逆向思维历史故事。有人落水，常规的思维模式是"救人离水"，而司马光面对紧急险情，运用了逆向思维，果断地用石头把缸砸破，"让水离人"，救了小伙伴性命。

循规蹈矩的思维和按传统方式解决问题虽然简单，但容易使思路僵化、刻板，摆脱不掉习惯的束缚，得到的往往是一些司空见惯的答案。其实，任何事物都具有多方面属性。由于受过去经验的影响，人们容易看到熟悉的一面，而对另一面却视而不见。逆向思维能克服这一障碍，往往出人意料，给人耳目一新的感觉。

2. 如何学会逆向思维?

富人和普通人唯一的区别，就是思维模式不同，大多数都是正向思维，而只有少部分人是逆向思维。讲三个故事以感受逆向思维的魅力。

故事一：一个富婆晚上到某银行 ATM 存款，碰巧 ATM 机器故障，3 万元被吞。她立刻着急的联系银行，但被告知要等到天亮才能来维修。这时她可等不及，于是绞尽脑汁一想，想出了一个点子，用公共电话联系客服，说ATM 机子吐出 3000 元，10 分钟后维修人员就赶到了。所以正向思维是我看重的利益是什么，逆向思维是对方看中的利益是什么？

故事二：有一个女子在逛超市时，一不小心手机和钱包被偷走了，内心特别着急。刚好这个时候，她看到一个熟人路过。这个熟人在了解情况之后，只见他不慌不忙的拿出自己的手机，开始向丢失手机发道短信：姐，刚到超市找不到你，我还有急事先走了。你今天要用的现金 3000 块，我给你放在寄存箱 A08 了，密码是 34556。拿到钱回信给我。你猜怎么着，不一会儿，小偷到主动送上门来了。手机和钱包都找回来了。如果是你丢失了钱包和手机，你会怎么做呢？估计你肯定是先去找保安，调监控查看谁偷了你的钱包和手机，满脑子想着怎么找那个人，对不对？而逆向思维是不去想我现在想要什么，只去想小偷现在想要什么。

故事三：有一位老者因腿脚不便，但又特别喜欢吃水果，正好楼下就有一家水果店，但是买过几次之后，发现这家店所称的水果总是缺斤少两，但是他又苦于无奈，这件事让他烦不胜烦，按照常理，没有什么好的解决办法。他把这件事告诉自己儿子，儿子给他出了一招。这天，老者按照以往称了 5 斤水果，这时老者说 5 斤太多了，拿出来 2 斤吧，老板于是拿出来了 2 斤水果，然后把袋子里的 3 斤水果给老者。老者没有接，反而把老板刚刚拿出来的 2 斤水果装在袋子里，说我要这 2 斤吧。老板傻眼了。

这几个例子你看懂了吗？只要你掌握逆向思维，就能打开新世界的大门。

3. 你知道逆向思维有多强大吗?

再给你分享两个小故事,让你明白逆向思维的强大,一定会让你有所感悟。

故事一:孩子不愿意做爸爸留的课外作业,于是爸爸灵机一动说:儿子,我来做作业,让你来检查。孩子高兴地答应了,并且把爸爸的作业认真地检查了一遍,还列出算式给爸爸讲解了一遍,不过他可能怎么也不明白,为什么爸爸所有作业都做错了。

故事二:一个鱼塘新开张,规定上写着钓鱼费100元,凡是没钓到的送一只鸡。很多人听到这个规定都去了,回来的时候每人手上拎着一只鸡。没钓到鱼,心里也是美滋滋的。一阵子之后,鱼塘关闭了,看门的大爷说:"老板本来就是个养鸡专业户,这鱼塘里原本就没多少鱼。"

你是不是顿感大彻大悟呢?是不是成功一件事,并不只有一条路可以走。因此,大道走不通的时候,人不能一根筋,那些小路一样可以抵达。

4. 感悟逆向思维的魅力

我们知道了,逆向思维是逻辑思维领域里的一朵奇葩,它是人们对习以为常、司空见惯的事物或观点反过来思考的一种思维方式,有人称其为"倒过来想"。

日常生活中,人们往往习惯于沿着事物发展的正方向去思考和寻求解决问题的办法。其实,对于某些问题,尤其是一些特殊问题,如能尝试一下逆向思维的魅力,"反其道而思之",让思维的触角向事物对立面的方向延伸,从问题的相反面入手,往往呈现在你眼前的是"山重水复疑无路,柳暗花明又一村"的景致和精彩,这就是逆向思维的魅力所在。

这样一则故事，或许可以给我们以启发。

一天晚上，一位哲学家正埋头准备一份演讲稿。他的儿子约翰因为没人陪着玩，而吵闹不停。哲学家又气又恼，却又不忍心责骂自己的孩子。突然，他想出一个好办法，他从手边的杂志上撕下了一页印着世界地图的纸，然后他把这页纸撕碎。做完这一切之后，他对约翰说："如果你能在晚饭前把这幅地图拼好，我就给你5美元。"约翰听了之后，不再吵闹，开始津津有味地拼起地图来。这时，哲学家终于能够继续准备他的演讲稿了。哲学家本以为这样一来约翰会整个晚上都安静地拼地图，谁知没过一会儿，约翰就回来了，手里拿着一幅拼好了的世界地图。看着约翰手中的地图，哲学家感到十分诧异："约翰，你怎么这么快就把地图拼好了呢？"

"爸爸，这非常容易啊！您不知道，刚开始我也拼得很费劲，后来我发现地图的背面是一幅人像。拼人像可比拼地图简单多了，所以我就先把人像拼好，再把纸翻了过来。我想，如果这幅人像是正确的，那么这幅世界地图应该也不会出错吧！"约翰得意地回答。听完约翰的话，哲学家顿时一怔。约翰的做法启发了他，他由此想出了第二天演讲的主题——如果一个人是正确的，那么他的世界就是正确的。

小约翰拼图的故事还启迪我们，人有时需要换位思考，要善于从事情的对立面或站在别人的立场去考虑问题。但当我们按照常规思考和处理问题，不得要领，难以奏效时，就要勇于打破常规、反向思考，不钻"牛角尖"。

特别是在现实生活中遇到"拼错"地图的情况，一定要回过头去看一看，反过来想一想，看是否"拼错"了人像，是否因为错误的自我令呈现在自己面前的现实也颠倒了。

5. 如何拥有逆向思维?

逆向思维与正向思维的常规推导相反，是从"果"到"因"进行逆推，从对立、相反的角度思考问题。当我们用"逆向思维"思考问题的时候，我们可以从反面提出问题、分析问题、解决问题。

在曹冲称象中，我们可以提出这样的问题：如何在保证这头大象活着的情况下，测量出大象的体重呢？接下来分析问题，我们有什么办法可以实现这样的目的，那我们是不是可以借助其他东西化大象这个整体为不同的个体，在思考了各种可借助的工具之后，我们可以得出最终答案。

其实逆向思维和正向思维同等重要，当我们正向思维不能很好解决问题时，不妨试试逆向思维。但我们如何提高自己的逆向思维呢？

心理学中有一个名词"功能固有"，意思就是当我们把某种功能赋予某种物体的倾向，认定原有的行为就不会再去考虑其他方面的作用。这就好比我们一直使用安卓手机，突然有一天让你使用苹果手机，我们也会习惯性地按照安卓手机的使用方法去使用苹果手机。同样，当我们长久使用正向思维时，我们基本不会通过事情的另一面来考虑，也会使我们处理问题的方法过于单一，因此，培养逆向思维的敏感性也十分重要，那我们如何培养逆向思维的敏感性呢？

（1）站在事物的"对立面"思考。研究生阶段，老师经常提及的一个词就是"批判性思维"。当我们看到一件事情或一个观点的时候，并不是对方说什么，我们就相信什么，而是需要有自己的观点。

现在，线上教育已成为一种趋势，当然也有很多人支持线上教育。但我们也可以站在"反面"角度，去思考线上教育有哪些弊端。

我们获取信息的渠道非常多元化，这样我们每天所获取信息量也非常巨大，如果只是一味地接受别人的观点，我们很难得到成长。但如果我们敢于打破固有的思维模式，站在思考的"对立面"，我们不仅可以锻炼思考能力，也有助于提高自身的逆向思维。

（2）有意识寻找论据支撑观点。当我们陈述一个观点时，需要大量的论据去支撑观点。同样以"线上教育"为例，当我们想要表达线上教育存在些许弊端，那我们自然不能空口说白话，需要一定的事实或论据，比如线上教育加重学生的近视率和近视程度，比如线上教育所需的设备加重了贫困家庭的负担等。在我们思考论据的过程中我们的思考才会更深入、更有价值。

（3）通过追问寻找解决之法。在我们的生活、学习和工作中，想要从根本上解决问题，我们就需要学会追问。同样以讨论"线上教育"的弊端为例。

问：为什么不支持线上教育？

答：因为线上教育的课程很多，鱼龙混杂。

问：为什么线上课程存在鱼龙混杂的情况？

答：因为各色各样的线上教育和线上课程为学生提供了许多资源和信息，甚至同一科目都有不同的课程。家长的可选择性太多，很难取舍。

问：那我们要如何选择适合学生的课程呢？

答：这个问题的关键在于学习批判性思考。只有我们认真思考信息的来源渠道以及背后论证的逻辑，分析其合理和不合理的地方，然后选择性地去接收它们，从而提升决策的正确性。

问：为什么批判性思考这些信息，会对我们有用处？

答：因为批判性思考，要求我们对信息保持怀疑的态度。一旦我们对信息持有怀疑的态度，我们就不会不假思索地完全认可这些信息。不认可，我们就不会接受他们的逻辑，从而就不会对我们构成影响。

在一步一步的追问下，我们最终有了解决问题的答案。

（4）运用正确的逻辑思维。逆向思维作为思维方式的一种，也是需要正确的逻辑思维方式，在提高逻辑思维能力的时候，我们不仅提高正向思维能力，也会提高逆向思维能力。

逆向思维一般采用反推的方法，比如你想要实现某一结果，那我们就需要从结果一步一步反推。想要达到这样的结果，需要怎样的条件 A、B、C，又需要怎么做，一步一步推导，直到推出已知的条件或现有的条件。

在日常生活中，只要我们积极生动地运用逆向思维，就能够拓宽和启发思路，从而提升我们的思考能力了。

三、掘潜能提升认知

人的潜能是无限的，很多人并不知道自己有潜能。在你潜意识的深处，有着无限的智慧、力量，以及你所需要的各种各样的"供应器"，这些都等着你去发掘、培养、发挥。

1. 潜能藏在你身体深处

《激发无限潜能》的美国作家安东尼·罗宾说了这样一句话："梦想就在你身体某处向你招手，生活质变的潜能藏在你身体深处，你所要做的就是发现并释放它。"你知道自己有多大潜能吗？人的潜能什么时候才能够真正地爆发出来，恰恰是在经历困难、经历批评，乃至挫折的时候得到了极大的激发和释放。从某种意义上说，人的潜能是无限的，就看你能不能面对困难、面对挫折、面对挑战，直面它并且战胜它。所以说，要相信自己，要正确地认识困难、挫折与挑战，要客观地分析困难、挫折与挑战，要及时地总结你所经历的困难、挫折与挑战所带给你的真正的内在的财富。那是一种能力的融合，经过反思把经历的这一切，内化为自己的能力。

人的潜能是无限的，很多人并不知道自己有潜能的，就像跑步这件事情都是有潜能的。跑步的人都明白，有一个叫疲劳期，就是跑着跑着没劲了，呼吸跟不上了，肌肉没有力量了，反应慢了。这时候你感觉到很累，甚至可能呼吸都急促了，但是这个时候你要干什么，你要熬过你的疲劳期！这时你要深呼吸，保持你的步频，保持你的速度，当疲劳期一过去，你就自由了，你就可以非常开心地往前跑了，非常快乐地往前跑了，而且越跑越开心，越跑越快乐！一个人只有在一件事情上长期坚持并且全力以赴的时候才能够发挥出来他的潜能，而不是第一拳、第一脚、第一眼就有潜能，是一定是在一件事情上长期并且心无旁骛地长期坚持，然后才有潜能。潜能从哪来的，你记住了，潜能是无数次全力以赴以后，你才能够去使用出来的能力，有的人一生当中就糊涂到只用自己的本能去做事，开心就是开心，不开心就是不开心，喜欢就是喜欢，不喜欢就是不喜欢。而什么叫潜能，就是你一定要全力以赴地长期坚持，才能够把潜能挖掘出来，并发挥出来。

所以每个人都应该有这么一个体验过程，就是你的人生当中是否要去体验一下自己有没有潜能？或者你的潜能有多大？

2. 认识你的潜能

在每个人的身体里面，都潜伏着巨大的力量。只要你能够发现并加以利用这种力量，便可以助你成就你所向往的东西。如果能打开你心智的眼睛，看到你内在无限大的"宝库"，你会发现在你的周围就有无限财富。在你内心里面有一座金矿，你可以从这座金矿取得你所需的东西，而使生活变得幸福、愉快和丰富。

如果能够唤醒这种潜在的巨大力量，往往就会出现奇迹。世界上有无数平凡的人，但在这些人的体内同样有着巨大的潜能，只要能够激发他们体内的一小部分，就能成就最伟大的、神奇的事业。

很多人都不知道在他们内心深处有着无限智慧的金矿。一块有磁性的金属可以吸起比它重 12 倍的重量，但是如果除去这块金属的磁性，它甚至连轻如羽毛的重量都吸不起来。同样，人也有两种：一种是有磁性的人，他们充满信心和信仰，他们知道自己天生就是个胜利者、成功者；另一种是没有磁性的人，他们充满了畏惧和怀疑。机会来临时，他们却说："我可能会失败""我可能会失去我的钱""人们会耻笑我"，这种人在生活中不可能会有成就，因为他们害怕前进，他们只好停留在原地。所以，每个人都要争取成为一个有磁性的人，并且找出亘古以来人类的主要奥秘——潜能。

实际上，每个人都具有潜能，而意外事件和灾祸不过是催化剂，使人有了显露这种力量的机会。

有这样一种催眠方式，叫"人体成桥"，足以证明潜能的巨大力量。将一个体力平常的人催眠，然后把他的头和脚放在两把椅子的边上，而腰部悬空，这时让一个人站在他身上，他竟能支持得住。后来在他的身上放了一块木板，让一匹马站上去，他竟然也能支持得住。按照一个人平均的体力，绝不可能支持 500 多公斤的重量，但是在催眠状态下，他竟然毫无困难地做到了。那么，他能做出这样的事情，力量来自哪里呢？当然不是来自催眠师，催眠师的作用仅在于把被催眠者的力量从身体里激发出来。这力量不是来自外部，而是来自他的身体内部，这便是潜伏在他自己身体里面的巨大潜能。

在你潜意识的深处，有着无限的智慧、力量，以及你所需要的各种各样的"供应器"，这些都等着你去发掘、培养、发挥。

如果你愿意开放你的心灵去接受，你潜意识中的无限智慧就会在任何时间、空间提供你所需要的每一样事物。你潜意识中的无限智慧，甚至可以把各种奇妙的知识，原原本本地传授给你。它可以指引你，为你打开道路，使你在生活中能够完美地发展自己，并达到你真正应该达到的水平。

在人的身体和心灵里面，有一种永不坠落、永不衰败，永不腐蚀的东西，这种力量一旦被唤醒，即便在最卑微的生命中，也能像酵母一样，对身心起发酵净化作用，从而增强人的工作力量。

有些时候，人也会有机会看到自己的潜能。比如在失去一个爱友的时候，发现了自己从未发现过的能力；有时读了一本富有感染力的书，或者由于朋友们的真挚鼓励，也能发现自己的内在力量。但无论用何种方法，通过何种途径，一旦激发内在力量，你的行为一定会大异于前，你就会变成一个大有作为的人。去发现这种思想、感觉和力量，这是你的权利。潜能虽然无法看见，但是它的力量却极为强大。由于你可以汲取这些隐藏在你内心深处的力量，因此你可以完全在丰富、安全、愉悦和自主之中向前行进。

在人的身体内部有一种创造的作用是永远在进行的，这种创造力量，不但创造自己的生命，还在不断地更新生命、恢复生命。因为这种潜意识的力量能把人从身心俱疲的状态中调动起来，再度恢复健康，再度充满活力，再度强壮起来，并努力去获得幸福、健康，快乐地生活。在你的潜意识中也有这种奇迹般的治疗力量，可以治好你深受折磨的心灵和破碎的心。它可以打开你的心狱之门，也可以帮你摆脱物质和身体上的束缚。

但许多人并不知道深入自己的意识内层，去开发那些供给身体力量的源泉。因此，他们的生命往往是枯燥、毫无生气的。然而如果你能深入到自己的潜意识中，就可以寻得生命的源泉。

一旦饮得这生命的泉水，就不再会感到口渴，生命从此也就有了活力，而这眼生命之泉是可以取之不尽、用之不竭的。由此可见，一个人一旦能对其内在的潜能加以有效地运用，他的生命便永远不会陷于卑微贫困的境地。

3. 重视你的潜能

一般来说，一个人的潜能来源于他的天赋，而天赋又不大容易改变。但实际上，大多数人的潜能都深藏潜伏着，必须由外界的东西予以激发，如果人们的天赋与潜能不被激发，不能得以发扬光大，那么，其固有的潜能就会变得迟钝并失去它的力量。

爱默生说："我最需要的，就是有人叫我去做我力所能及的事情。"去做"我"力所能及的事情，是表现"我"的潜能的最好途径。拿破仑、林肯未必能做的事情，也许我能够，我只要尽"我"最大的努力，发挥"我"所具有的潜能。

安东尼·罗宾认为，人的体内都潜伏着巨大的潜能，但这种潜能酣睡着，而一旦被激发，便能做出惊人的事业来。因此，我们必须重视它，并动手发掘它。莫让你的潜能酣睡！

美国西部某市的法院里有一位法官，他中年时还是一个不通文墨的铁匠。现在已经 60 岁的他，却成为全城最大的图书馆的主人，获得许多读者的称誉，被认为是学识渊博、为民谋福利的人。这位法官唯一的希望，是帮助同胞们接受教育、获得知识。可是他自身并没有接受过系统教育，为何能产生这样的宏大抱负呢？原来他不过是偶然听了一篇关于"教育之价值"的演讲。结果，那次演讲唤醒了他的潜能，激发了他远大的志向，从而使他做出了造福一方民众的事业来。

在我们的现实生活中，有许多人直到老年时才表现他们的潜能。为什么到老年才激发他们的潜能呢？有的是由于阅读富有感染力的书而受到激发，有的是由聆听了富有说服力的讲演而受感动，有的是由于朋友真挚的鼓励。而对于激发一个人的潜能，作用最大的往往就是朋友的信任、鼓励、赞扬。

倘若你和一些失败者面谈，你就会发现：他们失败的原因，是因为他们无法获得良好的环境；是因为他们从来不曾走入过足以激发人、鼓励人的环境中；是因为他们的潜能从来不曾被激发；是因为他们没有力量使他们从不良的环境中奋起振作。

在你的一生中，无论何种情形下，都要不惜一切代价，走入一种能激发你的潜能的氛围中，能激发你走上自我发达之路的环境里。努力接近那些了解你、信任你、鼓励你的人，这对于你日后的成功，具有莫大的影响。你要与那些努力在世界上有所表现的人接近，他们往往志趣高雅、抱负远大。接近那些坚持奋斗的人，你在不知不觉中便会深受他们的感染，养成奋发有为的精神。如果你做得还不十分完美，那些在你周围向上的人，就会来鼓励你做更大的努力、进行更艰苦的奋斗。

几乎所有的人一生中都只发挥了其潜能的15%，他们不能发挥其余85%的原因在于恐恨、不安、自卑、意志薄弱及罪恶感。将所有的原因综合起来，可以说是"与外界的不调和"，因为不能包容外界，则等于是替自己的潜能踩了刹车。

与外界的调和能使你的潜能发挥到淋漓尽致的地步，相信你很容易便能了解这一法则，因为所谓创造的行为，是向着外界去发挥，所以一旦能和外界调和，自然会产生优异的结果。以体育比赛为例，还在考虑胜败、估计别人力量的选手，心中已经存在了感情对立的疙瘩，所以不能发挥其潜能。只有超越那些估计和外界合为一体，才能最大限度地激发潜在能力。一个非常有趣的现象是：凡是在下棋时，对对手抱有对立情感、赢了就觉得快乐的人，他们的进步都是有限的，相反，能和对手配合，不在乎胜败，只求下出高明的棋并在其中寻求创造之喜悦的人，则能充分地激发他们的潜能，他们也就进步神速。这里不把棋局的胜负作为一种争斗，而把它当成"问答"。如果有两个人天赋相等，但他们所采取的博弈态度有所不同，不久之后，他们两人的棋艺也必有天壤之别。

能包容对方的人才是强者。这不是一个有趣的法则吗？连下棋这种具有严格规则的游戏都有这种结果，更何况是在实际人生这种复杂多变的场所中。

弈棋中的这两种态度，也能充分显示"取"与"造"这两种生

120

存态度。为了达到目的而拼命的人，他们自以为是在踩油门，其实所踩的却是刹车。这个道理非常简单，一种能力被踩了刹车后，当然不可能有出众的创造行为。当你放弃潜能视为私有物的感觉时，你就能充分地发挥它。

如果你希望有一个富有创造性的人生，别的暂且不提，首先你得是个"不怕失败的人"。乍看之下，这似乎和"无所不能"的命题相矛盾，但是仔细想一想却不是，因为失败和"不能做"不同。此外，失败和成就并不是互相对立的，它可以是到达成功的中转站。精神的强者，越是失败，越能在失败中得到教训，并且越能提升创造的热情。所以问题不在于是否会失败，而在于是否遇到一两次失败便放弃奋斗。凡是能包容别人的人，甚至连失败也能包容在内，这种人最后必然会获得成功。

4. 充分开发你的潜能

多年以前，在一片私人土地上发现了石油，这片土地属于一个年老的印第安人。这个印第安人一辈子穷困潦倒，可石油的发现使他一夜之间成为百万富翁。发财以后他做的第一件事就是给自己买了一辆豪华的"凯迪拉克"牌旅游轿车。当时的旅游轿车在车后配有两个备用轮胎。可是这位印第安人想使它成为乡里最长的车子，于是又给它加上了4个备用轮胎。他买了一顶林肯式的长筒帽，配上飘带和蝴蝶结，还叼上一支又粗又长的黑雪茄烟，就这样把自己全副武装起来了。每天他都要驾车到附近那个熙熙攘攘、又脏又乱的小镇上去。他想去见每一个人，也想让人们都看看他。他驾车通过镇上时不停地左顾右盼与碰到的熟人寒暄，与来自四面八方的熟人都打招呼。

有趣的是他的车从来没有撞伤过人，他本人也从未有过身体受伤或财产受损的事。原因很简单，在他那辆气派非凡的汽车前面，有两匹马拉着汽车。他的机械师说汽车的发动机完全正常，只是老印第安人从没学会用钥匙插进去启动点火。在汽车里面的 100 匹马力准备就绪，昂首待发，可老印第安人就要用汽车外面那两匹马。

许多人都犯了这样的错误，他们只看到外面的两匹马的力量，却看不到里面的 100 匹马的力量。1 分钱和 20 块钱如果都被扔在海底，它们的价值就毫无区别。只有当你把它们捞起来按惯有的方式花掉的时候，才会有区别。只有当你充分开发并有效利用你的巨大潜能时，你的价值才成为真实的和可见的。

尼亚加拉大瀑布在好几千年里，有上万亿吨的水从 55 米的高处奔涌而下，坠落到深渊里，毫无意义地流失掉了。然而有一天，有人制定了一个计划，利用了这巨大能量的一部分。他使一部分下落的水流有目的地经过一个特殊的装置，从而产生出上亿千瓦时的电力，推动了工业发展的巨轮。从此，成千上万的家庭有了光明，成吨的粮食可以用机械收割，大量的产品被生产出并运输到全美各地。这种新的能源，使许多人有了工作，孩子们受到了现代化的教育，道路被开通，高楼、医院被建造。它带来的好处是说不完的。总之，这一切能实现，都是因为人们开发并利用了尼亚加拉大瀑布的能量。

我们也要学会尽快开发和利用自己的潜能。你要知道，你的潜能会带给你更多的收益。令人遗憾的是，有史以来，仅有极少数的人能够充分发展自己的潜能，这实在是一件可悲的事。真的，几乎所有的人都具有充沛而未经开发的潜能。

我们如何才能将潜能正确引导出来呢？以下几点供你参考。

一、要开发潜能，必须使用已有的能力。只有使用能力，能力才能产生实际作用，哪怕你已经具有了某种能力，可是只要将其搁置一旁，废弃不用，那么严格地说也只是潜在能量，对现实毫无作用。

很多没上过专门学校的推销员比那些专门学营销专业的大学生的推销能力高得多，正是他们在"使用开发潜能"的缘故。

二、选准最易突破的一点。面对五花八门、种类繁多的潜能，并不需要对每一种潜能都投入完全一样的时间成本、精力成本去大力开发。那不仅会分散有限的精力，也很不现实。我们在全面了解、重视整体潜能的同时，应根据自己的优势，集中力量，选准一种关键潜能进行开发，取得突破，这样就能盘活整体潜能。开发潜能一定要选准最易突破的一点，以求尽快突破。

三、充分考虑自身的天赋、资质等客观条件。要根据自身的天赋和资质，特别是根据自身的优势和特长来确定应当着重开发的潜能。只有这样，才能使潜能的开发事半功倍。最新教育观提出：由于每个人的特点不同，每个人都应当有自己的"课程"。每个人开发潜能，也一定要根据自身特点，设计出自己的开发、利用潜能的蓝图。

四、承受适当的压力。人往往都有惰性，只有在一定的压力下，才能最大限度地开发自身的潜能。压力是促使进步的最好动力。著名科学家贝弗里奇说："人们最出色的工作往往是在逆境中做出的，思想上的压力，甚至肉体上的痛苦，都可能成为精神上的兴奋剂。很多作家、画家平时灵感难寻，只有在交稿时间非常迫近造成的压力下，大脑里才容易涌现出灵感。"创造学之父亚历克斯•奥斯本说："多数有创造力的人，其实都是在期限的逼迫下从事工作的。决定了期限，就会产生对失败的恐惧感，因此，工作时加上情感的力量，会使得工作更加完美。"他还说："谁被逼到角落里，谁就会有出奇的想象。"当然，压力不能过大，压力过大，就会把人给压怕了、压垮了。压力适度，不但是行动的最好保障，而且往往能把潜能发挥到极致，创造出令人震惊的奇迹。

四、能量跟着注意走

注意力在哪里，你的能量就在哪里，注意力是我们生命中一个难能可贵的宝藏。注意力的关注点，就是能量的去处。从现在开始，希望你能开始掌控自己的注意力，把你的注意力放在正确的地方，让它发挥出其滋养的强大。

1. 注意力就是能量

不要把能量放在别人身上，把所有注意力集中在自己的内心最深处。注意力的滋养能量是巨大的。当注意力在痛苦上，痛苦就得到滋养；当注意力在问题上，问题就得到滋养。人的注意力资源是有限的，当你专注于某件事物时，往往就会忽视旁边的事物，即便这些事物十分重要，一旦人们的注意力不被外部活动占满，种种悲观的想法就会乘虚而入。所以，为了避免对头脑里产生其他念头，就应该尽力让脑子被"占满"。如一边讲话一边看微信，一边吃饭一边看电视，一边给孩子洗澡一边看节目……这样做呢？确实把头脑占满了，也让我们无暇思考了，但这样真的好吗？实际上，人们要想感觉到真正的快乐，就必须把全部注意力集中在一件事情上。比如专心地说话、仔细地品味食物、聚精会神地看电影。人们为了避免不快乐，是把全部注意力作为一个整体供应给同一件事情，这样才能让人感到自己有得到、有收获的。

2. 羡慕别人，不如把注意力放在自己身上

把注意力放在自己身上，首先要学会认清自己真正想要什么。有太多人不知道自己真正想要的是什么，只是一味地想着别人有的我也要有，大家都在追求的我也要追求。所以，永远在比较，永远在焦虑。而那些真正厉害、成长迅速的人，通常早早就明确了自己的目标。那些内心足够强，知道自己想要什么的人，不会花大把的

时间和注意力去羡慕别人。他们总会按照自己的节奏，一步步去实现自己心中的蓝图。动力，让他们能够保持专注并有所行动。把注意力放在自己身上，就是在心海里安了一根定海神针。无论外面多么惊涛骇浪，你都能向着自己心中的愿景，按照自己的节奏，持续地去行动、去坚持。早晚有一天，你会成为别人羡慕的那个人。但你知道，这并不重要，重要的是活成自己想要的样子就好。

与其花时间羡慕别人，不如把注意力更多放在自己身上。你的注意力在哪里，能量就在哪里；注意力在哪里，成长就在哪里。在一个人最初奋斗和改变的时候，意愿和能力往往是不匹配的。当意愿足够强，而能力还远远无法达到时，最容易产生挫败感而放弃梦想，配合现实。有人称之为终于清醒，不再做梦了。这是多么可悲的结果。你的注意力在哪里，你的结果就在哪里！当你把几乎所有的注意力都放在困难上、放在能力不足上的时候，你就再也看不到你真正想要的目标了。

在绝望中寻找希望，生命必将辉煌。那你要怎么做呢？每天，每个时刻，都将你的渴望放在心中，让你的意愿不要被暂时的能力打击。现在做不到的，只要你的意愿足够强，目标不改变，能力会在一次次挫折中被培养，会在不知不觉中提升，来匹配你的意愿。总之，意愿绝不改变，能力就会改变。最终二者一定会达成一致，那就是你人生结果显化的时候。每个方面都是如此。所以全然地欣赏自己、肯定自己、认可自己、爱自己、相信自己，是你实现梦想、获得成功的唯一途径！

3. 注意力就是一种自我催眠

在日常生活中，我们的无意识会被很多东西催眠。我们每天都浸泡在形形色色的词语里，词语携带着某种能量的心理暗示，由你的家庭、你所处的时代和社会建构着它的意义。

有些人不加选择地照单全收，用这些词语给自己贴满了各种杂乱的标签。如果你总觉得自己不好、感觉自卑的话，也许可以看一看——自己是不是被动地接受外面的那些评价。

把它们收藏进了内心里？看看自己是不是依然像停留在童年，只会用弱小者的视角，倔强地自我催眠、自我批评、自哀自怜呢？或许你忘了，我们其实也可以选择——用怎样的自我暗示。让自己的目光停驻在事物的哪一极呢？

糟糕的？美好的？知足的？不满的？我们该用哪个词来定义自己的人生，为自己重新赋义？

那些催眠着你的词语，如果不能给你更大的自由，而是更沮丧的话，为何你还要紧抓住它们不放？我们已经长大成人，获得了主动。

"长大"就意味着：我们可以使用不同的词汇，用不同的行为，重塑自己的经验。

"长大"就意味着：我们可以超越父母或权威——用更复杂、更整合的思维去看待事物的矛盾性，做出主动的行动选择。我们之所以有病，是因为在生活中不断被催眠。所以，心理治疗的原理就是反着催眠，病可能就好了。

4. 注意力的滋养能量

小时候，我们考试取得优异成绩，就会马上告诉父母，父母说一句"你真棒"，我们就会无比兴奋；大街上，有些人穿着时尚个性，人们就会不自觉地投去关注的目光，这些人内心的小小虚荣心就会得到满足，变得更加自信；舞台上，表演者声嘶力竭，使出浑身解数，台下观众呐喊、挥手，表演者就更加卖力演出。然而，并不是正面的注意力投放才能达到滋养的效果，负面的同样可以。

比如一个明星，说错话、做了不好的事，会引来网络上铺天盖地的语言攻击，有的人甚至还花钱请水军共同"炮轰"。护"偶像"心切的粉丝们见此情况，就会行动起来与"黑子"对抗。单看那些不堪入目的侮辱性话语，你会觉得此明星挺惨的，但是大多数事实是：你越"黑"他，他就越红。因为愤怒也是注意力的消耗，你火力越足，消耗的注意力就越多，被这么多能量滋养着，人家能不红嘛！

当你准备投放你的注意力的时候，请先想一想，你的目的是什么。家长想让孩子改掉一个坏毛病，在这个过程中最关键的不是孩子，而是家长。大部分的家长在面对这种情况的时候，会用自己处理压力的习惯来教育孩子：控制、指责、要求、逃避等。渐渐地，他们的注意力，会被孩子各种各样的坏毛病、坏习惯带走，于是展开了长期的"控制与反控制"的教育内耗中。

如果家长的注意力在孩子的毛病上，就会强化他这个毛病，滋养他这个毛病，即使最后看似改变了他这个坏毛病，也会"按下葫芦浮起瓢"，新的毛病就会显现出来。

父母眼里只看到问题，于是他今后的生命里见到的全是问题。相反，如果家长的注意力在孩子的优点上，知道人的改变需要时间和空间，就会科学地帮助他制定学习计划，耐心地帮助他实现。

家长的目的是让孩子改掉坏毛病，重点是孩子，而不是坏毛病。要明确地知道这一点，才不会陷入教育的迷茫之中。

请牢记：当注意力在痛苦上，痛苦就得到滋养；当注意力在问题上，问题就得到滋养。

注意力的滋养能量是巨大的，它对人的损耗也是很大的，所以不仅要会投放，也要会收回和转移。

我们都有过这样的感受，被人批评了，心里不痛快，于是总想着，为什么会这样呢？他有什么资格？是不是我很差劲啊？……脑子里多琢磨一遍，心里的纠结也就更深一度。以这样的状态去处理其他事情，就会频频出错。已经发生的事，再多纠缠也无益。收回你的纠结和思虑，把这股能量转化成让自己下次做得更好的动力，然后就集中注意力去做该做的事。

5. 注意力的转移

修行的人可能都有过这样的体验：当我们感觉到心烦意乱时，让自己闭上眼睛，静下来。不要刻意理会头脑里嘈杂的念头。只专注于自己的呼吸和内在的感受——渐渐地，你就不再会被那些念头所带走，而感觉到越来越平静，也会有更多的智慧生出来，帮助你更好地解决当下的问题和困扰。这其实就是注意力的转移。

当你开始滋养你内心正面的力量时，负面的力量就会慢慢散去，正面的力量升起，给予你更多的支持和平静。

注意力是我们生命中一个难能可贵的宝藏，但却好像经常被我们忽视——在错误的方向上耗费，做了错事又一头雾水。不会收回和转移，导致陷入痛苦的死胡同里。

注意力的去处，就是能量的去处。从现在开始，希望你能开始掌控自己的注意力，把你的注意力放在正确的地方，让它发挥出其强大的滋养能力。

五、正念的强大磁场

正念，让人心安。有正念的人，心灵平静，内心安稳，走到哪里都能够从容自得。在生活中，只要我们能够提醒自己保持正念，我们就不会被欲望折磨，被心事烦扰，被他人掌控，被情绪左右，才能够更好地活在当下，享受生活。

1. 吸引力法则是宇宙间最大的法则

你的自身经历，以及你周围人群的生活经历，都受到吸引力法则约束。正是由于吸引力法则的存在，你才能看到眼前的一切事物。在吸引力法则的作用下，一切事物才能够融入你的生活。意识到吸引力法则的存在，理解它发挥作用的原理，你才能度过有意义的人生。归根结底，就是你不断追求的人生目标是快乐生活的关键要素。

第四章　认知觉醒掘潜能

那么，什么是吸引力法则呢？同频共振的东西会互相吸引而且引起共鸣。我们的意念、思想是有能量的，脑电波是有频率的，它们的振动会影响其他的东西。大脑就是这个世界上最强的"磁铁"，会发散出比任何东西都还要强的吸力，对整个宇宙发出呼唤，把和你的思维同频共振的东西吸过来。

你生活中的所有事物都是你吸引过来的，是你大脑的思维波动所吸引过来的！所以，你将会拥有你心里想得最多的事物，你的生活也将变成你心里最经常想象的样子。这就是吸引力法则！

你可以这样来理解吸引力法则：无论你的注意力或者能量集中在哪个方面，也无论这种注意力或者能量是消极的还是积极的，你都在吸引着它们成为你生活的一部分。吸引定律就是"同频共振，同质相吸"。这八个字的意思是说：同样频率的东西会共振，同样性质的东西会因为互相吸引而走到一起。共振会产生同质性，同质性会产生吸引力，吸引力会把这两个共振体牵扯到一起。所以，假如共振性没有改变，在吸引定律之下，一样东西将会不断地持续扩大、成长。这种成长是自然的，而且是根植于自然法则的三大本质的，所以其威力是如此的强大，以至于没有任何外力能够阻挡它。吸引定律是众多宇宙定律之一，宇宙定律统治着整个宇宙，它们是生活的基本法则，是宇宙的神圣法则。宇宙法则适用于任何时候、任何人、任何地方，它们不可能被改变，也不会被消灭。

吸引力法则是宇宙法则中最强、最有力的一种，在概念上十分简单，但必须会运用。只要你真正地掌握了它，它就会成为你的一部分。吸引力定律最简单的定义就是：同类相聚。我们还可以用其他描述来定义：你能得到你考虑的，不管你想不想要，所有形式的物质或能量都吸引与之接近的频率的东西，你是一块磁铁，你总是得到你花费精力和集中注意力的东西，不管你想不想要，能量吸引类似的能量。

吸引力法则认为：相似的事物互相吸引。正如人们常说的"物

129

以类聚，人以群分"，实际上就是吸引力法则的体现。比如，早晨醒来，你一脸的不高兴，那么接下来的一整天，几乎没有一件事情能够让你顺心；一天下来，你肯定要抱怨说："该死，今天早晨就不应该起床！"再比如，周围处处可见吸引力法则：讨论疾病最多的人，往往身患疾病；讨论财富最多的人，常常拥有财富。吸引力法则的道理简直不言而喻：假如你收听频率为 AM630 的广播节目，你肯定要把收音机的接收频率调至 AM630，与发射台频率一致；当然了，只有发射台的发射频率和你收音机的接收频率相互一致时，你才能接收到节目信号。

理解了强大的吸引力法则之后，或者更准确地说，当你回想起吸引力法则之后，你会发现身边处处留下吸引力法则的痕迹。无数的事例信手拈来，清晰可见；你将重新认识到，一直以来，你头脑中思考的内容和真实的生活经历之间，存在着精确的相互对应关系。生活之中，没有任何事情是偶然出现的。正是你自己吸引了所有的生活经历——一切事物都是如此，没有例外。

2. 是你创造了自己的现实世界

无论何时，在吸引力法则的作用下，你的所有想法都在吸引与本身相似的经历，因此准确地说，你正在创造自己的现实世界。你所经历的任何事情，之所以发生在你的身上，都是由于吸引力法则对你思维活动的反应。无论你是回忆前尘往事，观察当前的生活，还是展望未来，都是你现在的意识产生的强烈关注。强烈的思维引发内心世界的振动（或心灵感应）——而吸引力法则一定会响应这种振动。

人们经常自我辩解，在不幸的事情发生以后，他们肯定自己并没有主动创造这些不幸。"我绝不可能做这种事！"他们总是如此辩解。我们当然明白，你并非有意招惹不想要的后果，但是我仍然这样认为：只有你自己才能导致这些事情发生，除你之外，没有任何人能够让那些不幸进入你的生活。如果你集中注意力关注生活的不幸，或者集中关注这些事物的本质特点，你就会在不知不觉中，默认式地把不幸创造出来。因为你不理解吸引力法则，换而言之，你不理解游戏规则，于是在注意力的指引下，把不想要的事物请进了家门。

3. 吸引力法则可以激发思维

吸引力法则的影响遍及宇宙每一个角落，它产生的磁力能够让振动频率相近的思维互相吸引……它可以带来以下好处：关注主题，激发思维；并且，吸引力法则对思维的反应影响着生活中的任何人、任何事和任何情况。只要事物与你的思维振动相互匹配，它们都会如同经过强大的磁力漏斗筛选一般，流入你的人生经历。

无论是你想要的事物还是你不想要的事物，只要是你头脑中思考的事物，它的本质特点都会融入你的生活。刚开始了解这些可能会让你惴惴不安，但是，慢慢地你就能领会这条强大的吸引力法则的公平性、一致性和绝对性。一旦你理解了这条法则，开始思考真正想要的事物，你将重新获得生活经历的主导权。

理解了吸引力法则，就能明白，你一直思考着和感受着的事物，与你现在经历的生活，它们之间存在着绝对一致的对应关系；从此以后，你肯定会对思维的激发作用产生更深刻的认识。你所阅读的书刊、收看的电视、听说或观察别人的经历，都有可能使你的思维受到激发。只要你明白吸引力法则对思维所发挥的作用，它们在你的关注下由小变大、由弱变强，你内心就会产生一种渴望，开始迫切想要指导自己的思维，使之更加接近你确实想要经历的事物。无论你思考什么，不管思维是由什么源头所激发的……只要你在思考那个念头，吸引力法则就会发挥作用，为你带来本质特点相同的想法、对话和经历。

不论你回忆过去、观察现在，还是展望未来，你都是利用现在来完成这件事情，任何事物在你当前的注意力集中关注下都会激发振动，而吸引力法则立刻会对此做出反应。一开始你可能只是默默地思考某种特定想法，思考了足够长的时间以后，你会发现其他人也开始和你讨论它。因为吸引力法则找到了发出相同振动频率的其他人，并把他们吸引过来。你注意一件事物的时间越长，它就会变得越强大；你对它的吸引力焦点越强，生活头脑中就会出现越多与它有关的迹象。无论关注想要还是不想要的事物，你思维所产生的效果，都会无数次地证明吸引力法则的正确性。

4. 内心世界通过情绪进行交流

当你生活在现实世界的同时，你的另一部分，超现实存在的部分——我们称之为你的内心世界——也同时存在着。

情绪就是你在现实世界的指示灯，标志着你与内心世界之间的关系。换而言之，当你集中注意某一主题，对它产生特定的视角和观点时，你的内心世界也在集中关注它，也对它产生特定的视角和观点。而你此时产生的情绪，表明这些观点之间是否相互冲突。比如，经历某些事情后，你对自己的全面评价是：我本来应该做得更好的；我不够聪明；我根本一无是处。而你的内心世界对自己的全面评价却是：我已经做得很好了，我也很聪明，而且我一直都是个人才。这样一来，这些观点明显水火不容，所以你会产生消极情绪，从而体会到互相排斥。从另一角度看，当你感到自豪、关爱自己或者关爱他人时，你对自己的全面评价便更贴近于内心世界的当时感受。而这种情况下，你将感受到自尊、自爱或者自我欣赏等积极情绪。

你的内心世界，或者说本质能量，它理解事物的方式总能为你带来最好的结果，如果你的理解方式正好与此相同，那么积极的相互吸引就会开始发挥作用。换而言之，如果你的情绪良好，表明你的吸引力焦点很精确，所以你能吸引美好的事物呈现。你的理解方式和你内心世界的理解方式之间的相对振动，决定了一直在发挥作用的伟大情绪指导系统的指向。无论你发出何种频率的振动，吸引力法则都要对它进行响应，所以，你最好理解以下观点：你在创造过程之中所产生的情绪，表明了你是否正在创造想要的事物。

通常有一种情况，当有人获悉强大的吸引力法则后，逐渐理解自己的生活经历是由于自己的思考内容所致，于是开始监督每一条想法，常常因此感到思想的束缚。然而，监督思想可不是一件容易的事情，不仅你思考的内容纷繁芜杂，同时吸引力法则还在源源不断地吸引更多内容。因此，与其尽力监督自己的思想，不如简单地留意自己的情绪和感受。因为，你的世界具有更渊博、更成熟、更睿智而且充满爱心的视角，如果你原本选择的想法与它不相协调，你就会感受到不一致，然后就可以轻易地重新定位思维的方向，转而思考让你感觉更舒适的事物，从而也能为你提供更好的服务。当你决定进入现实世界之时，你就知道总有一天会认识到高妙的情绪指导系统，你就会明白，在情绪感受的随时提醒下，你轻易就能获知自己是否偏离了内心世界的看法。

假如你的注意方向与内心想要的事物一致，你就会感受积极情绪。假如你的注意方向与你不想要的事物一致，你就会感受消极情绪。因此，任何时候只要简单地留意一下自己的情绪感受，你就能明白，你强烈召唤的事物是否真正是你想要的。

5. 无处不在的情绪指导系统

奇妙的情绪指导系统，将为你带来巨大优势。无论你是否意识到它的存在，吸引力法则都会发挥作用。然而，假如你随时都留意不想要的事物，并且一直对它加以注意，那么在法则的作用下，你也会吸引越来越多相似的事物，直到最终把与此互相一致的事件或者情况吸引过来，融入你的生活之中。尽管如此，假如你对情绪指导系统拥有清晰的意识，又对自己的情绪感受足够敏感，那么一旦你注意到不想要的事物，在刚开始只有一点点苗头的阶段，你就可以轻易地改变思想，转而关注你真正想要的事物。如果你对自己的情绪感受不那么敏感，你可能无法注意到，你正在思考的方向是指向自己不想要的事物，你很可能会把一些强大却又不想要的事物吸引过来，导致以后难以摆脱的局面。如果你突然想起一个念头，而且对它充满渴望，这就表明，你的内心世界与念头在振动频率上相互一致，你此时流露的积极情绪，正表明思维的振动频率与内心世界的振动频率相互一致。事实上，这正是灵感的体现：在此刻，你的理解方式与内心世界的抽象理解方式完美地融合，而由于这种互相一致，你才能够与内心世界进行清晰的交流，接受它的指导。

6. 如何加速事物的创造

在吸引力法则的作用下，互相一致的思想会融合在一起。照此发展下去，它们一定会变得更加强大。而当它们变得更加强大时，就更加接近于现实，而你所感受到的情绪也会成比例地相应变强大。集中注意你渴望的事物，在吸引力法则的作用下，越来越多与你渴望的事物有关的思想会被吸引过来，而你将会感受到更强大的积极情绪。所以，你可以通过简单地集中更多注意力，来加速事物的创造——吸引力法则会帮你把剩下的事情搞定，为你吸引所思考主题的本质特点。

我们要将想要或渴望这类词语进行如下定义：集中注意力或关注于某一主题，同时体验到积极情绪。当你注意某一主题的同时，只产生了积极的情绪感受，那么它将迅速地出现在你的生活之中。有时候，我们会听到现实世界的朋友说想要或渴望这些词语，同时却怀疑或害怕他们的愿望不能实现。在我们看来，纯粹地渴望某事发生却感受到消极的情绪，这是不可能的。

纯粹的渴望总是伴随着积极的情绪。这可能就是别人与我的渴望的不同之处。他们经常争辩说"想要的"意味着一种缺乏并且与它本身的含义相互矛盾，我们也认为如此，但是问题并不是词语或称呼本身，而是使用这些词语时所表达的情绪状态。

你要理解一点：无论你起点如何，无论你我现状如何，你都能够从现状出发，达到任何想要成为的状态。最重要的一点，你只需要理解：你此时的精神状态，或者说你的态度，是你能够吸引更多事物的基础。

7. 如何增强我的磁力

你所思考的想法，如果不能产生强烈的情绪感受，就无法具备强大的磁力。换句话说，如果你所思考的每一种想法都具有创造性的潜力，或潜在地具有磁性吸引力，那么在强烈的情绪作用下，这些想法便具备最强大的力量。当然了，你所思考的大部分想法是没有多大吸引力的。它们只是或多或少地维持着原来吸引过来的东西。

因此，你绝不能忽视以下做法所带来的好处：为了满足自己的需要，为了吸引某些情况和事件进入你的生活，你尽可以每天花费5～10分钟时间，有意地提出能够产生强烈激情和积极情绪的想法。这种做法蕴含着极大的好处。

在这个方法中，你每天只需花费少量的时间，全神贯注地把以下事物吸引过来：健康、活力、财富、积极的人际交往等，所有这些构成你对完美生活想象的事物。

我亲爱的朋友，这将是一个彻底改变生活本质的过程。因为，当你有意做出计划并达到既定目标后，你将不仅受益于既定的创造成果，还能激发一些新的观点，从而促使你的计划有所改进，得到新的收获。

六、我向老天下订单

生而为人，最怕失去的是希望。绝望的人，只因失去了许愿的能力。不管在什么样的困境之中，只要一个人还有希望，他就有活下去的意志和能力。所以要相信许愿的能量，向老天下订单就是你成功的密码，全宇宙都会联合起来帮助你完成你许下的心愿。

1. 相信许愿的力量

是的，你要相信许愿的力量。就好像巴西作家保罗·柯埃略在他著名的畅销寓言故事小说《牧羊少年奇幻之旅》中所说的一样："当你真心地许下愿望，全宇宙都会联合起来帮助你完成。"

我们所许愿的事情，都是正向的愿望，如果你常常这么练习，自然而然就会驱走负面思考。让我们的心胸宽广，想法也就能海阔天空了。不过，你也不能够只下订单，然后守株待兔地等着愿望实现。下完订单之后，行动力还是很重要的。请相信许愿的力量，恢复内在的平静，相信来自自己心灵的力量，会使你更有自信。

《向宇宙下订单》作者期待中的男人为什么会出现呢？我想，我也可以很理性地解释如下：当一个女人真心渴望爱情，她的眼神自然会变得有吸引力，也会注意自己的穿着打扮，并留意身边出现的机会！

无论如何，作者本人真的找到了她要的男人，并且生了一对双胞胎。她的幸福很有说服力，应该就是相信许愿的力量得来的吧。

许愿不花钱不费力，只要你拥有虔诚的心。试试看！人生一定会有大转弯！

2. 你是不是真心想要

加拿大作家克里斯多福·孟说："如果你想要的东西没有在你生活中出现，那就表示，你不是真心想要它，你更想要别的。"

所以每个人都在问：到底怎么样才能做到"真心想要"呢？从小到大，我们经常会许下一些愿望，但这个愿望是不是你真正想要的呢？你有没有发现，当我们实现一项愿望之后才发现，这个不是我真正想要的，从而改变新的愿望，然后再去实现。这是为什么呢？

也许这个愿望是我们在很久之前许下的，但随着时间的推移，我们的心境和身边的环境都发生了改变，所以它已经不是我们想要的了。

还有就是当时许愿的时候没有搞清楚我们真正想要的是什么？所以，怎么才能知道那是自己想要的呢？

想要，不是你脑袋瓜里面说我要它，而是你内心真的想要它。我们拿钱来举例子，你是不是真的想要钱？有人说我做梦都想。那么你想要钱的时候，是否经常在怀疑我到底能不能赚到钱？我行不行？我有没有资源？我有没有本钱？……

很多人心里面是不相信的，是怀疑的，内心是在打鼓的。或者说他们只是"但愿"，所以这种想法是无效的，是没用的。

你说想要钱，想要心想事成，想日进斗金，想升官发财，想财源广进，等等，你去检查一下，你想完之后，是不是立刻就开始怀疑，立刻开始否定自己？

你心里想的都是赚钱太难了，赚钱不容易，钱在哪儿，要多赚点，总是觉得不够。去检查一下你的想法，你在想的时候是发送了什么念头，这个非常非常重要。

你在想要钱的时候，你想的都是没钱，想的是赚钱特别难，赚钱特别痛苦，赚钱需要很多条件，这就是你所谓的想要钱。

或者说有人天天想的是，如果没钱就会穷死，那不行，我得赚钱。如果没钱我会饿死，我得赶快赚钱；如果没有钱，我会生活很糟糕，就不能养家糊口，不能让孩子上很好的学校。这都是出于恐惧，才去想要钱。你想的都是负面的，都是恐惧，都是担心，而这种想是无效的。

我们的思想分为意识和潜意识两个部分，平时我们想的、看到的都是意识部分。意识部分露在水面之上，占15%；潜意识在水面下看不到的那部分，占85%。如果我们想要知道我们真正想要的是什么，就要去觉察潜意识的那部分。

只有觉察到我们潜意识里真正想要的那部分，然后向宇宙下订单，我们才能更快地实现愿望。如果你想快速实现愿望，记得去觉察你的潜意识。

3. 美梦成真的秘密

想要实现愿望，其实都有方法，只要你真心去想，诚恳去要。老天是个供货不虞匮乏的物流中心，对诚心的人有求必应。

有位彩券幸运得主透露，他在中奖之前，曾阅读过与本书类似的书籍，他照着书上所写的去做，果然心想事成。你可能会问：为什么有人也看了这些书并没有心想事成，偏偏老天独独眷顾他？

我们回顾过去的人生经验，类似的巧合常在我们身上出现。包括：苦读许久却丝毫没有起色的成绩，最后考上理想的大学；以完全没有工作经验的新手，通过重重面试而破格进入外商公司，担任营销部专员，最后成为多家企业的管理顾问……

你要相信这样观点：只要心平气和、常怀感恩，善用许愿的方法，梦想就会实现。是的，正向思考、心无杂念、深信不疑，就是心想事成的关键。

一、欲望转化为金钱

你想拥有财富吗？你肯定会毫不犹豫地回答："想，非常想。"看到"思考力创造财富"这个题目，你也许会疑惑地问："思考能创造财富？"是的，只有思考，才能给予你一条致富之路，因为积极思考，是一个人积极进取的标志，有这样一句话："一天的思考，胜过一周的蛮干。"事实证明，当你朝着好的方面思考时，你就有可能获得成就财富的能力。

1. 时刻保持强烈的渴望

给你讲一个有关欲望的哲理小故事：

1823 年，大诗人拜伦很苦恼，他已经开始失去欲望了，他的生活变得无聊。于是，拜伦准备把自己的躯体献给战争。那年夏天，他跟着军队朝希腊进发，行军途中，他写信给诗人歌德，告诉他自己的苦恼。

那年，拜伦 35 岁，风华正茂。而歌德却已 75 岁高龄了。一个年轻的生命没有生活目标，没有情人，不想谈恋爱，更不想结婚，将生活寄托于一场战争。而另一个垂垂老矣的生命却正准备向一个年轻的女人求婚，他的情欲像一个年轻小伙一样旺盛。

歌德是在拜伦的鼓励下向那个只有19岁的姑娘求婚的，他对这场有着巨大的年龄差距的爱情充满了万丈激情。事后得知的拜伦在异国他乡更加忧伤，他说自己是年轻的老人，而歌德是年老的年轻人。

一年后，他在没有结果的战争中病死。临死前他对医生说："我对生活早就烦透了。我来希腊，就是为了结束我所厌倦的生活。你们对我的挽救是徒劳的，请走开！"拜伦就这样死了。

而高龄的歌德还在那个青春靓丽的女子怀里享受着生活，他的诗作一篇比一篇华丽而又激情万丈。

无论如何，你要相信自己，时刻保持强烈的渴望。因为在你没有实际得到这笔财富之前，你不可能预见自己成功后会享有这笔财富，所以你得需要用炽烈的欲望来激励你，来鞭策促进你实现。

一旦你真的十分强烈地渴望变得富有，你就将这种欲望转变成坚定不移的意念，并毫不怀疑深信自己一定会得到它。你必须强化自己拥有这笔财富的决心，这样你才能实现并会得到它。

在你还没有得到这笔钱之前，要时刻想象着自己就是百万富翁、千万富翁或者亿万富翁。这种想象并不是指那些只希望靠机会、缘分和运气就能成功的幻想。你还必须明白，所有累积巨额财富的人，在获得财富之前，都一定有自己的梦想、欲望和规划。

2. 欲望是一种能量

让我明确地告诉你吧，欲望其实是一种能量，因为前面讲过："欲望是一种意念冲动，意念冲动也是一种能量存在形式。"既然欲望是能量，只要你通过努力和按照这本书介绍的法则，你的欲望将转化为实物或财富相应对等物。

导向财富的不变法则一定会帮助你创造财富，学会使用这些法则，通过自己不断重复，由各个想象的角度来呈现获得巨额财富的秘诀。这个"秘诀"看起来似是而非，没有一个清晰的轮廓，但它完全可以被你掌握。因为你相信：我们所居住的地球、天上的星座、视野中运转的行星、我们之外及我们周围的所有元素、每一片叶子以及举目所及的各种生命形式等都存在着"秘诀"。

这个"秘诀"在自然界中是以生物学的方式展示出来，例如，我们每个人体、高大建筑、山川河水……都是用极其微小的细胞组成的。微小的细胞则由能量形式呈现的夸克组成，欲望是能量，它转化成实际的对等物质就不足为怪了吧。

3. 将欲望转化为实际的财富

把对财富的欲望转化为实际的财富，包含 6 个明确而实际的步骤：

第一，想好自己渴望拥有多少财富。只说"我想要有足够的钱"是不够的，数目要明确（这种明确性有其心理学的道理，后面的章节里会有所涉及）。

第二，想清楚得到这些财富必须付出的代价（天下可没有"免费的午餐"）。

第三，设定你决心赚到这笔财富的明确日期。

第四，拟订达到目标所需的明确计划，并立即付诸行动。

第五，用纸笔记录下以上四点。

第六，每天大声朗读此计划两次，睡前一次，起床后一次。朗读时，试着让自己看到、感觉到，并相信已拥有这笔金钱。

无论如何，你必须确实遵循以上 6 个步骤，尤其是第 6 个步骤。如果你真的十分强烈地渴望变得富有，你需要将你的这种欲望演变为坚定不移的意念，你便毫不怀疑地深信自己会得到它。你的目标是要得到这笔财富，你必须强化自己的决心，这就会使你自己"相信"你一定会得到它。

你能想象自己是千万富翁吗？可能有很多人认为这6个步骤并非完全正确，但是当你知道这些步骤出自苏格兰裔美国实业家、"钢铁大王"安德鲁·卡耐基的话，可能会重新考虑接受它们。因为卡耐基起初只是钢铁公司的一名普通工人，尽管当时他出身低微，但他仍努力设法运用这些原则，为自己赚了超过亿万美元的财富。

希望你也能像卡耐基一样，运用这些原则，实现自己财富上千万的梦想。此处所提的6个步骤，都是托马斯·爱迪生仔细查验过的，他确信它们不只是累积财富所需的步骤，达成任何目标都需要这样的步骤。

这些步骤并不深奥，但成功地运用这6个步骤必须要有丰富的想象力。但这种想象力并不是指那些只希望靠机会、缘分和运气就能成功的幻想。我们必须知道，所有累积巨额财富的人，在获得财富以前，都一定有自己的梦想、欲望和计划。

二、积极的自我暗示

有了欲望，还需要强化欲望，不断暗示自己，激发自身的潜意识，让自己拥有强大的能量。仅仅靠的空想，金钱是不会主动走进你的口袋，自我暗示有助于我们将愿望转化为财富。

1. 什么是自我暗示呢？

自我暗示是指通过主观想象某种特殊的人或事物的存在来进行自我刺激，达到改变行为和主观经验的目的。它是一种启示、提醒和指令，能够告诉你注意什么、追求什么、致力于什么和怎样行动，从而支配影响你的行为。

自我暗示可以是积极的，也可以是消极的。积极的自我暗示是对某种事物的有力、积极的叙述，能够让我们开始用一些更积极的思想和概念来代替过去陈旧的、否定性的思维模式，从而改变我们对生活的态度和期望。

因此你要用积极的思想不断对"渴望财富"来进行自我刺激，达到你拥有财富的目的。当你不断对自己重复一件事时，你便觉得那件事情就是真的。这就是你自己有意灌输自己心中意念的结果。你要明白，当人的某种想法被不断鼓励时，它便会形成强大的推动力，并最终塑造人的行为举止。

自我暗示其实很简单，当你在心灵种下意念的种子，通过"反复思考"，任何观念、计划或目标皆可根植于心，这样可以使你能牢记它。请你日复一日地大声复述你心中的目标，直到这些声音进入你的潜意识中去。

2. 信念很重要

自我暗示有助于我们将愿望转化为财富，而这种自我暗示其实就是信心。我们知道了自我暗示的力量强大，所以财富是可以通过我们的信心实现的。

信心是一种心理状态，它可以借不断肯定的潜意识和反复提示而产生。想想你阅读这本书的目的，是不是想找到实现梦想的方法？请你遵循"自我暗示"和"潜意识"去实践操作，就能使自己深信自己将会获得所追求的一切。这样，你的潜意识就会回传给你一股"信心"，帮助你实现愿望。一定要坚信：赋予你感觉的意念，在信心的支持下，立即会转化为与之对等的物质报酬。

意念中的情感或感觉能赋予意念活力和生命，促使自己付诸行动。带有意念冲动的信心将比任何单一的情绪更具有行动力。凡是融合了积极正面的或消极的情绪的意念，都会影响我们的潜意识。

信念很重要，大多数人经历的所谓"倒霉"和"不幸"，是因为他们把许多消极负面的情绪不断传送至潜意识，潜意识会回应做出消极的行为。这些人始终相信自己"注定"贫穷失败，而且他们自己无法控制，其实这些不幸遭遇都是他们自己创造的，因为他们被负面的东西包围，心灵种下的是消极的、不好的、负面的信念，潜移默化根植于潜意识中，从而相应地去影响他们的实践。

当你读到这里的时候，你是不是觉得自己很幸运，你已经不是那众多人数的一分子，你已经步入到精英行列，你知道应该怎样摈弃消极的、负面的东西。只要你不断将任何你希望能转化为实物或财富的欲望传达至潜意识的话，你便能最终受益，因为你知道处在那种期望或深信的状态下，你真的会产生变化。信心促使潜意识采取行动。当你通过自我暗示下达命令时，没有任何东西能妨碍你"说服"自己的潜意识，仿佛你已经拥有梦寐以求的实质物品一样。

有信心时下达的任何命令，在你潜意识里都会以一种最直接的、切实可行的方式来执行这项命令，实现实质的对等物转化。由积极正面情绪主导的心灵，有利于信心的产生，以此种方式主导的心灵，可随意对潜意识下达命令，潜意识会立即接受并采取行动。

3. 如何提高和运用想象力

自我意识是通过想象来呈现的，想象的具体成像或个人想象力很重要。接下来，我跟你讲一讲如何提高和运用想象力。先给你讲一个《假如我有 100 万元》的故事。

> 弗兰克·冈萨拉斯在读大学时，发现当时的教育制度存在很多缺陷，他相信如果自己是校长，一定可以把这些缺陷纠正过来。于是他下定决心筹建一所新大学，这样他的理想便可实现，不必受制于传统的教育模式。要实行这个计划需要 100 万美元，他要到哪里去筹这笔钱呢？这个问题一直在他心头缠绕，困扰着这位雄心壮志的年轻人。
>
> 他似乎到了一筹莫展的境地。每个夜晚，这个念头都

随他入梦，早晨伴他清醒。无论走到哪里，这个念头都如影随形地跟着他。他不停地反复思索，后来将此确定为他心中的唯一"意念"。100万美元是一大笔钱，他意识到这个事实，但他同时也意识到这样一个事实：我们唯一的障碍就是我们大脑中已经存在的那些。

身为学者兼牧师，和其他成功人士一样，冈萨拉斯明白，"明确的目标"是起步必要的出发点。他也知道，当支持着目标的是一股"化目标为实质对等物"的炽烈欲望时，明确的目标便会引发热情、力量。这些道理他都懂，但他就是不知道要如何筹得这100万美元。一般人遇到这种情况，就自动放弃了，并且说："啊，算了，我的想法虽好，但也没用，因为我永远也筹不到所需要的那100万美元。"这的确是大部分人会说的话，但冈萨拉斯博士却不是这样的人。

某个周六下午，弗兰克·冈萨拉斯坐在房里，思考着应该如何筹钱来实现计划。有近两年的时间，他都在想这个问题，然而除了想以外，他竟没有采取任何行动。

"该采取行动了！"当时他下定决心，一定要在一周内获得100万美元。他还不确定如何做，但重点是有了要在一定时间内获得这笔钱的决心，而且，就在下定决心要在一定时间内获得那笔钱的一刹那，一股强烈的信心袭上他的心头，那种感觉从未有过。他的内心似乎有个声音在说："你怎么不早决定呢？那笔钱一直都在等着你啊！"

事情进展得很快。他先给一家报社打电话，宣布：我第二天要讲道，讲题是"如果我有100万美元，我会做什么？"

于是冈萨拉斯立刻着手准备这场讲道，这工作对于他来说并不难，因为他已经为这场讲道准备了近两年的时间。支撑这场讲道的精神发自他整个身心的每一部分。

那晚，他早早地写完了讲道词，然后上床睡觉，因为他看到自己拥有那100万元了。第二天早上，他很早起来，在洗手间阅读讲道词，然后屈膝祈祷，希望这篇讲道词能引起一些人的注意，使他们愿意提供这笔钱。

当他祈祷时，再一次产生这笔钱一定会出现的信心，他兴奋地走出来，却忘了带讲道词，直到他站在讲坛上马上要开始讲道时，才发现这件悲惨的事。

当时要回去拿显然已经不可能了，然而这恰恰也成了一件幸事！在没有讲道词的情况下，他的潜意识自动产生出他所需的所有资料。

当冈萨拉斯起身讲道时，他闭上双眼，认真讲述自己的梦想。告诉他们：假如我手中有100万美元，我就可利用它来实现我的梦想。要筹建一所优秀的教育机构，教给学生知识并培养他们的心灵。

当冈萨拉斯讲完，坐下来时，一个坐在倒数第三排的人起身走向讲坛。冈萨拉斯心里纳闷着他想做什么。结果，他来到讲坛前说："牧师，我喜欢你的讲道。我相信，假如你有100万美元，你一定会兑现你的承诺。为证明我相信你，还有你的讲道，如果明早你能到我办公室来，我就给你100万美元。我叫菲利普·阿默尔。"

于是第二天，年轻的冈萨拉斯来到阿默尔先生的办公室，得到100万美元。他用那些钱创办了阿默尔技术学院。那么多钱对于大多数牧师而言，可能一生都没见过，但冈萨拉斯却用一场讲道得到了这笔钱。那100万美元来自一个美好的构想，而支撑这个构想的，则是年轻的冈萨拉斯在心中酝酿了近两年的计划。

请注意重要的事实，构想是所有财富的起点，也是想象力的生成物。当冈萨拉斯下定决心要达到目标并制定计划后，不到36小时，他就有了这笔钱。

年轻的冈萨拉斯想获得 100 万美元的念头，其他人并不是没有过。在他之前或之后，许多人都曾这样想过。但是，只有冈萨拉斯能想到并做到，这是因为：在那个值得纪念的星期六，他为他模糊的想法具体地、明确地制定了可行的计划，并下定了决心行动。

冈萨拉斯获得 100 万美元的原则至今适用，你也可以利用这个原则。这个普遍的法则，至今依然如当初冈萨拉斯应用它时一样奏效。相信自己，你是可以的。

4. 使用自我暗示的方法

我们知道，欲望变黄金的第六个步骤是让你每天大声将自己写的声明至少读两遍，读出你对财富的欲望，并且想象、感受自己财富在握的样子。遵循这些步骤，你便能信心十足，直接将所欲达到的目标传达至潜意识，再通过不断重复这些步骤，你就会自动产生将欲望转化为财富的意念习惯。

记住，在大声读你的"欲望"声明时（你正通过它培养出"财富意识"来），只是单纯朗读那些字是没有结果的，除非你读时融入感情。你的潜意识只接受与情感或感觉融合较好的意念，并发挥作用。

自我暗示的确非常重要。如果你缺乏对自我暗示作用的了解，那么你有可能会想到用自我暗示原则，却不能达到预期效果。平淡、缺乏感情的字句无法影响潜意识，除非你学会将充满热情信仰的意念或文字注入自己的潜意识，否则，你便达不到预期效果。

第一次尝试时，若没有成功控制你的情绪，也别气馁。记住，天下没有免费的午餐。达成或影响潜意识的能力是需要付出代价的，而你必须付出这样的代价。你不能欺骗自己，即使你很想。获得影响潜意识的能力的代价就是持续地应用上面提到的原则。你不可能仅以微薄的代价便培养出你想获得的能力。必须由你自己决定，你所奋斗的回报（财富意识）是否值得你为此付出代价。

只有智慧和头脑灵活并不能吸引财富，保持财富增长（几个特例除外），而这里描述的吸引财富的方法并不依靠平均率。同时，这个方法没有任何偏向，对任何人都有效。即使失败，也是个人的失败，而不是方法的失败。如果你尝试失败了，那么不要气馁，而是要不断努力，直到成功。

使用自我暗示原则的能力，大部分由你能否专注于已有的梦想决定。要想很好地运用自我暗示，就要坚持你的梦想，直至它成为唯一的炽烈信念。

三、激发潜在的能量

你也许会发问：怎么这一章又在讲潜意识，前面不是讲过吗？是的，我在编著这本书时，就是这样设计的，书中的内容前后之间有重复交叉的地方，目的有二：让你不断强化加固前面的内容，让你牢记这些法则；对某些内容进行深刻阐述，进一步用理论和实践让读者弄明白所写的文字。

1. 神奇的大脑

我们在探讨潜意识之前，再认识一下我们的大脑。科学家在研究"大脑"这个惊人的器官，虽然处于研究的初级阶段，却仍发现了许多知识，得知人脑的中央配电盘中，将脑细胞彼此相连的线路数目，即有数字 1 后面再加上 1500 万个 0 条。"这数目太惊人了！"芝加哥大学的赫里克博士说，"与之相比，处理数亿光年的天文数字，便是小菜一碟了"。

据估计，人类的大脑皮质层中，有 100 亿至 140 亿个神经细胞，这些细胞都以一定的方式排列，而且排列是井然有序的。最近的电生理学方法，从精确定位的细胞或具有微电极的纤维中，排除其作用电流，再以无线电管增强，最后记录到的潜在差异达百万分之一。

令人难以相信的是，如此错综复杂的网络，其存在目的只是延续肉体成长与维持身体功能而已。那么提供数十亿脑细胞彼此间互相沟通的同一系统，是否也能提供我们与其他微妙及难以捉摸力量沟通的途径呢？

在心灵现象这块领域里，目前有很多科研机构和个人正在有组织地进行研究，并且通过研究已获得的一些结论与本章所描述的不少内容有相通之处。

然而我们不可忽视的是，人类即使具有如此显赫的文化与教育，却仍难以完全了解意念的微妙力量（所有无形力量中最强烈的一种）。人类对有关人的大脑可将意念之力转化为物质对等物的庞大网络所知甚少，但人类现在正进入一个新的时代，这个时代将对此课题产生新的启迪。

我们知道了大脑的神奇之处，那你就更加坚定相信自己一定会改变现状。下面我们走入正题：如何激发潜意识的创造力。

2. 潜意识激发创造力

潜意识可以激发一个人的潜在力量，即创造力，这种力量是令人惊奇的。当我们每次讨论到潜意识时，总感觉自己很渺小，或许是因为我们对此课题的全部知识了解得太少。

在你接受了潜意识存在的事实，并了解它可能成为将你的欲望转化为实物或金钱对等物的一种媒介之后，你将会了解前面小节"欲望转化为金钱"的全部意义。你也将了解，要不断地提醒自己的是，必须清楚自己的欲望并将之写成文字。当然你也会了解毅力对于实现这些欲望的必要性。

当你第一次尝试此做法失败时，千万别气馁。记住，要遵循信心所给予自己的能量，潜意识心灵唯有通过习惯才可受自己的意愿指引。也许目前你还无法支持你的信心，但只要有耐心和毅力，就可能培养出信心。

为了有利于潜意识的培养，在此将重述许多有关"信心"和"自我暗示"的说法。记住，你的潜意识是自动作用的，无论你有没有影响它。这一点自然也是在暗示你，恐惧和贫穷的想法以及其他消极负面的思想亦能充当潜意识的刺激物，除非你能控制这些冲动，并提供给潜意识更合适的养分。

潜意识不会闲着。假如你无法在潜意识中植入欲望，那么由于你的疏忽，它就会接受任何思想。无论是消极的还是积极的意念冲动，都会传到潜意识。

此刻，你应该记住：你每天都生活在各种各样的意念冲动中，它们在你不知情的状况下不断传至你的潜意识。这些冲动有的是消极负面的，有些是积极正面的。你现在要做的就是努力尝试去断绝负面的冲动，并通过积极的欲望冲动，来给予潜意识正面刺激。

当你做到这点时，你将拥有开启潜意识之门的钥匙。不仅如此，你还会因为彻底地控制此门，而使那些不利的思想念头不能轻易影响你的潜意识。

3. 创造的事物始于一种意念冲动

如果没有意念冲动，人是创造不出任何东西的。在想象力的作用下，意念冲动可集结为计划。只要控制得当，想象力可用来创造计划或目标，引导个人在其选择的事业上迈向成功。

所有意图转化为实质对等物自动深植于潜意识中的意念冲动，都需要想象力与信心的融合。也就是说，将信心与计划或目标"混合"，再传送到潜意识，这个过程唯有通过想象力才能达成。

相信你已经注意到，想依靠自己的意愿利用潜意识，需协调与应用所有原则。因此我们要充分运用我们的大脑，只有靠脑子才是出路。

一个人养成了勤劳的习惯，顶多赚个辛苦钱。要是一个人有脑子，哪怕没执行力，依旧能赚到钱，因为有执行力的人太多了。怎么才能赚到钱呢？多动脑子。

再举个例子：有时候我们写完一篇文章，里面的病句错别字，自己根本找不到。当局者迷嘛！假设你文章写好了，让网页客服去发布，她会看吗？不看，直接分享。你告诉她：你写个引导系统吧。客服她不会写的，好像跟动脑子的事儿有仇似的。如果你这样说她："要是你的脑子成年不动，真的会成为尿壶。"要是你真这样说了，那你又多了一个仇人。要启发人：一是用温和的言语；二是用打骂和棍棒；三是反其道而行之，直接美化他们的愚蠢。

如果你用温和的言语去引导人，放心好了，你压根就引导不出来，弄不好，对方还说：你牛什么牛？你有钱吗？还是你比我多些聪明？你凭什么教训我啊？

如果用打骂和棍棒去开导人，则多了一个仇人，又一个仇人。我说佛是来度恶人的，不是来度善人的。度一个恶人，可以感化几百万个善人买单。好人不用驯化，会自动掉坑，会习惯性自己美化自己的愚蠢。

真正得道之人，遇到什么赞美什么，无恶无善。世人为什么懒得动脑子？就是不喜欢动脑子，会上瘾的。具体表现是什么？习惯性被人执行，不愿发挥自己的主观能动性。

啰唆这些，就是告诉你，现在的人大多不爱动脑。

再跟你讲一个真实故事。以前，我的朋友办过一个培训班，她找了个助理。这个助理无论做什么事儿都要问我的朋友该怎么办。有一天，一个客户找到助理，问到她一些问题，她不去回复，反而让我的朋友回复客户。我朋友说："你自己回复就是了，回复时，根据客户的反馈，一直做优化就行了。"助理说："我脑子里没东西，不知道怎么回复，不敢乱回复。"不是不知道，也不是不敢，而是懒。最后我朋友发现，她倒成打工的了。她很气愤，就把助理辞掉了。

这个助理错在哪里呢？就是她不喜欢动脑子，只喜欢执行。现实生活中，有很多像这位助理，客户问什么，都不知道怎么回答，只会找领导、找老板，老板教他回复，自己却永远不知道学习怎么回复客户。

所以勤于动脑很重要，开动自己的大脑，充分发挥自己的潜意识能量，实现你预想的目标，成功到达你的梦想。

4. 第六感的奇迹

也许你认可第六感的存在，但不相信第六感的奇迹，认为这是一种鼓吹。然而我会告诉你，自然界绝不会偏离它既定的法则，只是它的某些法则实在是难以理解而已，以至于产生了看似"奇迹"的结果。其实很多人经历过的这种第六感"奇迹"了。

你要相信，有一种力量或一种智力充斥在每个物质原子中，并围绕着人们所能感知的每一个能量单位。正是这种力量，无穷智慧让橡树种子变为橡树，使日夜循序出现，使四季更替，使大地万物皆有其位，并维持彼此间适当的关系。通过此原则，智力可转化为助力，化欲望为具体或物质的形式。

在经历"英雄崇拜"的年代，你会发现自己努力模仿偶像所带来的信心。一位美国哲学家曾说，他一直有崇拜英雄的习惯。他自认为仅次于真正伟大的就是模仿伟人，而且尽可能地在感觉和行动上接近他们。

他有一个习惯，就是想通过模仿伟人来重塑自己的性格。这些伟人是爱默生、潘恩、爱迪生、达尔文、林肯、伯班克、拿破仑、福特和卡耐基。几年来，他每晚都和这群人开一场假想的咨询会议，并把他们称为"隐形顾问"。晚上就寝前，他闭上眼睛假想这群人和他一起围着会议桌而坐，而且还可以指挥这群人。他之所以每夜沉浸在这种想象中，是因为其目标明确，就是要重塑自己的性格，并且使这种性格成为这群假想顾问的性格综合体。

其实，崇拜英雄、模仿偶像，也是一种积极的自我暗示，潜意识中激发自己的性格、品行、能力与之相接近，直至自己的想象成为现实。

四、创造财富的思维

财商被越来越多的人认为是完成成功人生的关键。财商思维最关键的是经济意识，你要运用实际可行的技能和方法，去改变对社会和未来的思考方式，更清晰地认识自己，更好地融入社会，让自己的人生拥有更多可能的选择权。

1. 什么是财商思维?

所谓财商，是指一个人认识金钱和驾驭金钱的能力，是一个人在财务方面的智力，即理财的智慧。财商包含两方面的能力：一是创造财富及知道财富倍增规矩的能力；二是驾驭财富及运用财富的能力。

就像"富人"与"穷人"的思维方式一样，不懂财商知识只能成为"穷人"，你的努力只能解决家人的温饱。而想做"富人"，就要了解掌握财商知识，让你的资产成为你赚钱的工具，让你的生活、事业得到发展。

两者之间最关键的表现点在于：富人（包括正在走上富人道路的）都非常隐忍，善于克制自己的情绪,善于坚持达到目标。而相反，穷人却常常为鸡毛蒜皮的小事与他人撕破脸，做事犹豫不决。

穷人思维和富人思维的区别在于人与人之所以有不同的命运，是每个人不同的思维方式决定的，错误的思维方式能使富人变成穷人，正确的思维方式也能使穷人经过奋斗成为富人。

改变你的思维方式就迫在眉睫了，学习了解财商知识，让你的大脑具有财商意识，掌握财商运作技能是必不可少的，我们学习财商知识就是在提高自身的财商思维能力，学习掌握运用金钱的能力，学习给自己做好后期的融资规划，降低融资成本。

所以想让你自己事业成功，就必须学习财商知识。财商是助力我们成功的重要基石。

2.九个赚钱思维

既然我们知道了心想事成的秘密，那就用这个武器去追求自己的财富吧。我们再来理清一下思路：要想拥有财富，是不是必须要有赚钱的行动？在行动之前，是不是更要有赚钱的思维，也就是赚钱的门道？

因此，拥有财富，正确的赚钱思维很重要。财富不是空想可得的，通俗地讲：搞钱先搞脑，让钱追你跑。那么我们该如何搞钱呢？俗话说："手里有粮，心中不慌。"有钱才是成年人最大的体面和安全感，想要狠狠搞钱，先养成吸金体质，引钱主动上门。下面，我把九个搞钱的思维送给对面一直在看这本书的你。

一是熟知赚钱本质。赚钱的本质是交换。底层交换体力和时间，中层交换脑力和技能，上层交换权力和资源。赚钱的逻辑是能够为他人创造价值，任何人想要赚钱，都要想清楚自己能够为哪些人解决问题，提供什么价值。

二是环境思维。当你知道了赚钱的本质是交换，那么你愿意用什么交换呢。肯定你会选择"交换权力和资源"，不会选择前面两种"交换体力和时间"和"交换脑力和技能"。但你会说自己没有权力和资源，何来交换呀。我相信你没有权力，但是你肯定有资源。如果你真的没有资源，看看身边朋友那些混得好的，向他学习，走近他。你要明白，物以类聚，人以群分。穷人在一起，总是聊娱乐八卦，富人在一起聊的是人脉、资源整合。而要成为吸金体质，一定要远离低质量的社交圈，和爱赚钱的人交朋友，从高手身上取经。赚钱最快的方式就是复制。

三是胆大和行动思维。相信这两点你可以做到，这是后天可以培养的。只要是认定的事，那就不仅要知道还要做到，一定要敢于尝试才行，千万不要犹豫和等待，更不要害怕失败，只要你敢于尝试，你就有成功的机会，胆子大一些，你就比别人成功得更快。

四是逆向思维。这是思维方式的问题，这没有什么难度，你要敢于反其道而思之，让思维从对立面的方向入手，从问题的相反面深入地进行探索，树立新思维，创立新形式。

五是资源思维。赚钱的人，都是掌握资源的人。你掌握的资源是别人需要的，你就可以通过其变现。所谓的资源，可以是实体资源，也可以是人脉资源，信息资源也算。

如果你还认为自己没有资源的话，那说明你的"环境思维"还没有去实施，或者努力不够。你没有实体资源，可以通过"环境思维"储存自己的人脉资源和信息资源。总之你要拿到尽可能多的资源。

六是聚焦思维。做减法，聚焦聚焦再聚焦，把你的全部精力投入在你愿意为之奋斗的事情上。学千招，不如绝一招，注意力投入多少，收获就有多少。

七是学习思维。多看一些现实类的片子，多关注财经报道，多关注政策风口，快速捕捉搞钱的信息。

八是花钱思维。我说你不会花钱，你可能不信。实际上，真正的会花钱是增值，不是消费，好钢用在刀刃上，真金花在关键处，钱用在了对的地方，才能一步步走向人生的顶峰。

九是复盘思维。这个世界上的每个亿万富翁，都有复盘的习惯，不管是经历成功，还是失败，都会从中复盘，好吸取经验教训，知道自己哪里做对了，需要继续发扬，哪里做错了，需要下一次避免。

明白了以上九种赚钱思维，你身上就具备了吸金体质，金钱就会主动投向你的怀抱。

3. 财富是认知的变现

"认知"是一个多层次的概念，涉及人类如何理解感知、思考和记忆信息的过程。简而言之，认知是人类加工存储和使用知识的方式。这涉及诸如知觉、记忆、思考、决策、问题解决和学习等心智过程。当你说"财富是认知变现"时，你可能是在强调认知的能力和信息中的关键作用，具有更高的认知能力、更丰富的知识和更准确的信息。人们可以更有效地做出决策，找到机会并创造价值。在这个意义上，你将认知看作是"知识的货币"，而这种货币可以用于生成实际的经济价值和财富。例如，一个了解市场动态的投资者，可能会做出更明智的投资决策，从而获得更高的回报。同样一个拥有专业技能和知识的企业家可能会创建一个成功的企业，并创造巨大的财富。

总的来说，认知是人类处理信息和知识的方式。而这种处理能力在经济活动中扮演了关键角色，有可能导致财富的创造或积累。

你永远赚不到你认知以外的钱，就算凭你的运气赚到也会凭你的实力亏掉，认知与财富成正比，如果你想成功致富，必须提升自己的认知和积极思考的能力，好果你现在很迷茫，事业收入低，发展难，就是因为你没有财商思维意识，当你看到这本书，恭喜你，你正在打开财富大门，只有打开思路才能致富，本章节的精髓在于获取财富的方法和一些认知理念，不断拥有财富思维，从而走进财富大门，实现财富自由。

五、财富的精神信仰

要拥有财富，你还必须有一种精神信仰。你要相信自己不是穷人，你要相信你能成为富有的人，把挣钱当作信仰来拼搏，人追钱累死人，钱追人自己送上门。

1. 相信自己是富有的人

要拥有财富，你还必须有一种精神信仰。什么是精神信仰？那就是你要相信自己不是穷人，你要相信你能成为富有的人，把挣钱当作信仰来拼搏，必须有对挣钱这项事业的持续的热情，千万不要觉得自己可以人定胜天，要把你内在的匮乏跟贫穷交给宇宙，发现自己缺钱，担心没钱的时候，立即把负面思维转出去：宇宙啊，我将我内在的匮乏跟贫穷交给你，请您帮助我获得财富上的自由，让钱向我潮水般涌来。每天要大声地对自己说：我要发财了，我要发财了，我要发财了。你重复的次数越多，来的钱就越多，你记住，语言它是有能量的。这是一种很强的自我暗示，也是一种积极的预告事实，因为钱是有灵魂的，他会主动寻找自己喜欢的主人，人追钱累死人，钱追人自己送上门。有的人呢，就是招钱喜欢，钱会追着你跑，有的人呢，就是招钱讨厌，让煮熟的鸭子也会飞掉。

2. 钱喜欢什么样的人呢？

万物皆有灵性，钱也不例外，他也会为自己寻找合适的人，这七种人是他喜欢的。如果你能做到其中的两条，哪怕只有一条，你的财富也会不请自来，源源不断。

第一，让别人赚到钱。要让别人赚到钱，你才有可能赚到更多的钱，在一起做事的时候，一定要考虑对方，这叫小舍小得，大舍大得，不舍不得。

第二，不要占别人的便宜。不该拿的你拿了，不该得的你得了，早晚都得加倍地还回去，这是因果定律，"出来混迟早是要还的"。

第三，要把每一个人都当作你的财神。即便是你付钱的一方你也要这样想，同时在接受对方给你的产品和服务的时候，别忘了说一声谢谢。

第四，像亿万富翁一样去说话。用富豪的语气谈话，去觉察自己内心的念头和语言，努力消除那些穷人的念头，比如说我要很辛苦才能赚到钱，我总是没钱，我太难了，等等。不要有这个念头，吸引力法则是真的存在。

第五，拒绝囤积。不要一看到打折的就搂不住了，原计划买一个但是又担心不够就又多买了几个，原本点两个菜就够了，偏要再多加几个，这体现的不是富有，而是内心的匮乏和担忧，记住少则得，多则惑。

第六，消除别人有，我也要有的自卑。别人有一个苹果我也要有，别人去环球旅行，我也要去国外采风。记住只有自卑才需要外在的东西去体现它的价值。

第七，相信自己值得拥有更美好的事物。试着去做一些你不曾做过的美好的事情，比如说一顿美味的野餐、一场偶像的演唱会，一次极限运动的体验，告诉自己一切的美好正在发生。

记得以上几条法则，你会有意想不到的好事发生。

3. 追求财富是人的本性

追求财富，人之本性。合理合法的追求财富不仅是正当的，而且是必要的。大胆地热爱财产，勇敢地创造财富，财富从来不问出身，人人都可成为富翁。

如何树立正确的金钱观？谈钱俗气，没钱生气，有钱神气。不想生气又想神气，就要不怕俗气，大胆谈钱，追求财富，这是实现财富的第一步。金钱的好坏并不在于金钱本身，而是金钱滋生的贪婪、恐惧和无知，他们才是不道德的。金钱本身并不具备权势，钞票、存单，股票等，都只不过是一张纸罢了。

史学家司马迁在《史记·货殖列传》说道："天下熙熙，皆为利来；天下攘攘，皆为利往。"说天下的人们在熙熙攘攘中跑来跑去，为了什么？上自诸侯王，下至黎民百姓，都在追求利。追求利本身并不是错的，只要取之有道，错的是你追求利的不正当的手段。

正确地认识金钱，不带任何愧疚感地去赚钱，许多富人之所以成功的原因之一，只有爱金钱，才有机会去赚取更多的金钱。

4. 获取财富应有正当合法的途径

通过正当的途径和手段获取金钱，心理才过得踏实安稳。正当手段就是遵纪守法，从合法正当的途径获取利润。不正当手段就是只要是钱就去捞，唯利是图，突破道德的底线。

"君子爱财，取之有道"，这是古代的名言。现在就是要求人们在国家允许的范围内，在法律许可的条件下，通过与对手的竞争与合作，通过诚实的劳动来挣钱。为此，我们要特别注意职业道德的教育。首先，提倡自觉遵守和服从国家宏观调控。市场经济是秩序经济，需要国家的宏观调控。一些人为了个人和小集体赚钱，无视国家的宏观调控，损害了人民的长远利益，破坏了生态环境，浪费了国家资源，这些严重的问题必须加以制止。

财富的获得途径有哪些？一般来说，有以下两种方式。

第一种是创造财富。这种方式很容易理解，比如一个农民种了一片番薯地，收获了 10000 斤番薯，一斤番薯售价是 1 元，除去电费、机械耗损费、农药、油费等所有成本 6000 元之外，他总共赚了 4000 元。这 4000 元可以说就是他用自己的劳动力创造的财富。

不同工作创造财富的大小会有很大的区别。一般来说，技术含量比较低的工作创造财富比较少。如农民、服务员、普工、保安等工作收入较低。医生、会计、程序员、技术员等工作的技术含量较高，创造的财富比较多，收入也稍高。高管、职业经理这些职业就更有技术含量了，年薪高达几十到上百万元人民币。

第二种方式是转移财富。这种方式有好几种情况，最常见的就是经营一家公司，雇佣员工，然后从他们身上赚取劳动剩余价值。

2017 年福布斯全球福布斯富豪排行榜中，微软公司创始人比尔·盖茨以 860 亿美元的净资产位居全球富豪榜榜首。那比尔·盖茨的钱是怎样获得的？全部是他自己通过劳动创造出来的吗？很明显，个人的劳动生产率不可能这么高，因此他的大部分钱是通过创立微软公司，雇佣一大批员工转移他们的剩余劳动价值得到的。

从中可以看到，如果想成为超级有钱的人，比如要进入福布斯富豪榜、财富要超过 10 亿美元，那么只靠自己工作来创造价值是完全不可能的。这是因为在一定的市场、生产工具和科技水平的情况下，个人的劳动生产率有一个顶峰。还是以一个农民为例，以前他用锄头种地，一年能生产 20000 斤红薯，一斤红薯净利润是 4 角钱，那么他一年有 8000 元收入。当市场扩大时，他改善生产工具，购买了翻土机、抽水机、货车等生产工具，一年能生产 100000 斤红薯，一斤红薯净利润是 3 角钱，那么他一年有 30000 元收入。如果他想增加收入，那么就必须继续扩大规模，那么一个人就忙不过来了，需要雇佣几个员工，这个时候他就晋升为农场主，除了自己创造财富之外，还能从员工身上榨取一部分劳动剩余价值。

5. 重义轻利，宁愿缺财也要仁义

重义轻利的人，追求的是人品，以忠诚为主，在他们看来人没有了忠诚，能力一文不值；而重利轻义的人，追求的是物质，以利益为重，在他们看来，人没有了利益，情义一文不值。

老祖宗告诫过我们有三种人不值得深交：一、重利轻义；二、心术不正；三、口中无德。其中之一就是"重利轻义"的人，这种人"专忘人恩，恩过不惑"，君子不轻受人恩，受则难忘。感恩是一种能力，它是凌驾于所有能力之上的能力，没有感恩的能力，任何能力都没有用武之地，一个人只懂得索取，手心一直向上，永无止境，非常可怕。没有丝毫感恩之心的人，他一定是没有把你当朋友，正所谓以利交者，利尽则散，切忌这种人薄情不可深交。

顺便也讲一讲心术不正之人。"闻人善则疑，闻人恶则信之，此心术不正也。"听到别人做好事他就起疑心，听到别人做坏事的时候，他就深信不疑，这样的人大多数是心术不正。古人说："与不善人居，如入鲍鱼之肆，久而不闻其臭，亦与之化矣。"

口中无德的人，喜欢谈论别人的私事，喜欢打听和谈论别人隐

私的人。其实，越是朋友我们越应该相互的尊重，这样的话，既不伤害自己的体面，又不会伤害朋友的颜面。不考虑别人感受的人往往薄情，切记不可深交。

"利人三寸，轻利重义系长久。话留三尺，言而有尽显真心。界留三丈，密而有间情长流。"利人三寸，始终保持着利他之心；轻利重义，人生道路便会越走越宽；话留三尺，与人交往不管什么关系，都一定得谨言慎行，这样关系才能长久；界留三丈，认清楚边界感，管理好自己的行为和情绪，是对自己和他人最大的尊重。

"钱财如粪土，仁义值千金。"我们普通人对钱财看得比较重，原因有二，一是普通人钱财挣得不容易，要付出很大的心血才能挣到，所以对它看得很重；二是钱财能够买到很多想要的东西，能满足基本的生活需要和内在的一些欲望，因而往往对钱财看得过分的重要。这说明什么？说明我们容易被财物化，成为物质或金钱的奴隶。然而有"德行"之人，自然有贤德的人围绕在自己身边，你就会有资源，就会有钱财，就能开展各项工作。"仁义"和"钱财"的关系是什么？仁义属于道德的范畴，"钱财"属于物质的范畴。我们要有这样的认知，是我们的内心来掌控物质，不是物质来掌控我们的内心。如果让钱财来主控我们内心的话，我们即便有很多钱、很多财物、很多物质，内心未必安宁。

六、思考力创造金钱

财富是观念的产物。财富的形成，肯定离不开辛勤的工作，但是从根本上来说，财富是观念的产物。拿破仑·希尔写了一本书叫作《思考致富》的书，这说明思考是可以致富的，所以说思想观念很重要。再好的行业，也有人干得一塌糊涂；再夕阳的行业，也有人干得热火朝天。干得成功与否，在于我们的思考如何，思考力永远是创业成功的核心。

1. 思考是可以致富的

很多人穷，就是因为思维方式不对。普通人往往习惯于顺向思维，沿着既有的逻辑和路径前行；而高手敢于"反其道而思之"，让思维向对立面发展，从问题的相反面进行深入的探索。勤于思考，才能收获快乐，丰富的人生不要被你的惯性和习惯所左右。我们要学会逆向思考，敢于"反着来"。

2. 财富是一个人思考观念的产物

什么意思呢？就是说财富是思考观念的产物。脑力升级才是人类积累和生存不断改变的真正源泉。我们也都能理解财富创造不是靠体力，是靠我们的大脑，但是我们对自己的大脑进行过多少训练，进行过多少投资呢？

很多人问巴菲特："什么是最好的投资？"人们太想从这位创造巨额财富的老人嘴里得出财富的秘密。巴菲特通常的表达是："最好的投资就是投资你自己。"那我们就更容易理解，为什么拿破仑•希尔写的书叫作《思考致富》，而不是努力工作致富了。

人们逢年过节总会说："恭喜发财。"人们关注点就是放在如何赚钱上。很少去思考财富的本质和根源是什么？我们看这个"财"字，一半"贝"就是钱，另一半才是才华。准确地说，钱来自才，才华的才。最主要的是思维模式，是精神，才是贝的源泉，才和贝组合起来就是财富，所以我们常说，财富源自心灵。

而社会上的财富，他不仅仅是来于体力，更是来自脑力。因为只有在正确思想的指引下，体力劳动才能够协助大脑创造财富。如果只靠体力，很多动物它比人强壮，但是他没有像人那样创造财富。有人会说不是劳动创造财富吗？你发现计划经济的观念，更多的是用体力上的辛苦和汗水，才创造了财富。在这种观点下，有的人经常说，我做生意就做实体，也就是说我们对财富性质的理解方式，就会决定我们创造财富的方式。财富的形成，肯定离不开辛勤的工作，但是根本上来说，财富是观念的产物。

3. 想象力是一切财富的起点

构想是所有财富的起点，同时也是想象力的生成物。让我们一起来审视一些带来巨额财富的知名构想，希望《魔法茶壶》这个例子能给你一些启示，教会你如何使用想象力聚积财富。

从前，一位乡村老医师驾着马车来到镇上。他悄悄从后门溜进药房，开始和年轻的药房伙计"交易"。

老医师和伙计在配药柜台后面窃窃私语了一个多小时。接着，老医师出去了，他走到马车处，拿着一把老式茶壶和一把木质大勺子回来了（为搅拌壶内的东西），并将它们置于柜台后面。药房伙计检查过茶壶后，从口袋中拿出一卷钞票交给老医师。那卷钞票足足500美元，那可是药房伙计的全部积蓄。

老医师交给他一张字条，是一个秘方。纸上所写的文字价值连城，那些神奇的文字是用来使茶壶内的水沸腾的，但老医师和年轻的伙计都不知道，壶里会有多少惊人的财富流出来。

老医师很满意地以500美元的价格出售了那套设备。这些钱足以偿还他的所有债务，并且给他以心灵自由。药店伙计则冒险将毕生积蓄押注在这一张小纸片和一把老茶壶上！他做梦也没有想到，他的这一冒险之举会使一把老茶壶生出黄金，其神奇的效果可与阿拉丁神灯相比。

应该说，年轻伙计购买的其实只是个构想。老茶壶、木勺和纸上的秘密信息都是偶然的！茶壶新主人在秘方中加入了一种老医师全然不知的成分后，茶壶发生了神奇的作用。

仔细阅读这个故事，运用一下你的想象力。你能猜出年轻人究竟在那个秘方中添加了什么东西，而使黄金从茶壶中溢出来的吗？记住，你所读的不是《天方夜谭》里的故事，而是真实的故事，是始于"构想"的事实，虽然它似乎比虚构的故事更神奇。

让我们看一下这个构想带来的巨大财富是什么。全世界都在利用茶壶内所装的东西赚钱，它过去很值钱，现在也如此。现在，这把老茶壶是全世界最大的糖消费者之一，从而给那些从事甘蔗种植以及精制、产销它们的成千上万的普通工人提供了稳定的工作。这把老茶壶每年消费数百万的玻璃瓶，也给许多玻璃工人提供了工作的机会。

老茶壶也给美国许多店员、速记员、广告撰稿者以及广告高手提供了工作机会。数十位艺术家创造出华美精致的图画来描绘产品的特性，所以老茶壶也让他们名利双收。

老茶壶使一个南方小城摇身一变而成为南部的商业之都，现在，该市的每位居民都直接或间接地受益其中。该构想的影响力使全世界各文明国家皆从中获利，给接触它的人带来了源源不断的财富。老茶壶的财富使一所学院成立，它现在是南部地区最卓越的学院之一，有数千位年轻学子在那里接受成功所必备的培训课程。

老茶壶还做过其他很多神奇的事情。在世界经济萧条时，数以千计的工厂、银行和商行关门、倒闭，但神奇茶壶的主人却发展良好，他给全世界无数人提供了持续的工作机会，并且给那些坚信这个构想的人创造了许多财富。

如果黄铜茶壶衍生的产品会说话，它一定会以各种语言说出很多它所经历的令人兴奋的浪漫故事，比如浪漫的爱情、传奇的生意以及每天受到激励的职场男女的精彩故事等。

你现在应该清楚了，神奇的茶壶流出来的是一种世界著名的饮料。同时，这种饮料也为人们的思考提供了不会中毒的"兴奋剂"、因而，在人们必须做好工作时，这种饮料给人们的心灵带来了清爽的感觉。

无论你是谁，身在何处，从事什么工作，每当看到"可口可乐"时，请记住，这个财富庞大且影响力强大的帝国，其实只是来自一个简单的构想。秘方里的神奇成分，其实就是想象力。

停下来仔细想一下这个故事中的成功之道。

请记住，媒介发挥了巨大力量，通过它，可口可乐的影响力才能扩展到每个城市、乡镇及世界的每个角落。只要你创造出来的和可口可乐一样"正确而有价值"的构想，你也会创造出这种斐然的成绩。

4. 思考力是创业成功的核心关键

创业没有标准答案，也没有人告诉你如何会成功，怎样会失败。创业的最大关键是干。创业路上，我们如何打开自己的思考方式和思维方式？以下几个问题，希望可以帮到正在创业路上的你（或是创业者）找到新的方法。

第一，今天的消费者，首先他们会关注什么，未来会发生哪些变化？

第二，今天我们为哪些客户提供服务，这些客户未来会发生哪些变化？

第三，我们用哪些渠道销售我们的产品，哪些渠道可以让我的产品一直使用下去？

第四，今天我们有哪些竞争对手，未来会新增哪些竞争对手？

第五，今天的竞争优势我们依靠什么？来来会依靠什么？

第六，今天的利润从何而来，未来的利润又从何而来？

第七，今天我们有什么核心能力可以应对未来？我们需要发展，拿起新的技巧和核心技能。

创业者不仅仅在于干，还要在乎如何想，我们想好了没有呢？

思考力是万力之源：没有做不到，只有想不到；只要我们想到了，我们才能做到。一个企业要做好，不在乎外界的环境如何，再好的行业，也有人干得一塌糊涂；再夕阳的行业，也有人干得热火朝天。干得成功与否？在于我们的思考如何。思考力永远是创业成功的核心。

七、财富就在你脚下

赚钱本就是一门学问，我们没能赚到钱，不是因为我们没有赚钱的能力和天赋，也不是因为我们没有碰上好运气，更不是因为自己不够努力，而是我们没有金钱意识。你能阅到此处，恭喜你，你找到一条通往财富的大道，因为致富是一门科学，通过本章的学习，财富将汇集在你脚下。

1. 致富是一门科学

任何一个正常人，无论男人还是女人，都向往着美好的生活，大都想成为一个有钱人，这是内心深处都不得不承认的事实，因为没有经济基础，就谈不上生存和发展。

这是显而易见的，无论是物质消费、精神消费，还是提高生活质量……都必须依靠金钱才能实现。任何的动力都是来源于不满足，人一旦满足就无法拥有动力，只会选择安逸，而安逸的结局只有一个，等着社会淘汰。所以，要关注合法正当的"致富之道"。

健康也是要有经济基础的，如果今天没有美好的食物、舒适的衣服和良好的居家环境，你即便四肢健全、头脑清醒，也是缺营养的。所以，千万不要想着用心智去滋养人的身体和灵魂。任何人的经济基础都是来自自己对财富的意识，而不是自己"吃不到葡萄就说葡萄酸"。天下一切财富都是天下人的，天下一切资源都是天下人的资源，而我们正是天下人。任何人都有权利去获得，只是要懂得如何得到它而已。

如同很多人都渴望实现自己的人生最大价值，但是没有几个人说得出自己的人生价值是什么，只是自己意淫过一天算一天而已，否则自己早就让自己的价值最大化了。所以，一个人如果没有学习，没有成长，没有出去旅行、观察社会和开阔眼界的机会，没有智者相伴，他的精神世界是匮乏的。

致富跟个人天赋是无关的，因为任何的天赋都可以学。只要用心学，人人都可以掌握并运用它去积累财富；

致富跟勤俭节约无关，虽然我们经常讲开源节流，但在现实生活上，太多人都是用结果打脸的，依然过着贫苦生活；

致富跟学历无关，学历固然重要，但是学历高并不能代表你就能致富；

致富跟机会无关，这个世界上，根本就不缺致富的机会，而是致富的认知和行动；

致富跟资金无关，资金只能说可以让你更加容易致富，并不代表你有一定资金就能致富，不信你自己思考两个问题：（1）给你100万，你能干啥？（2）为什么上市公司，本就可以在资本市场融资以获得大量的资金，为什么很多结果还是倒闭了？所以，资金也是无关的，如果你的资金大到无法想象，你也不需要致富了。

举了这么多例子，你一定很想知道，致富跟什么有关？歪一点讲，是跟规律有关，真正实在一点是"创造"。

宇宙的规律和宇宙的能量是创造万物，是永不停息的，而人是具有创造性思维、思想和思考的。人类思想的力量也是宇宙能量创造财富的唯一动力，每一种思想实际运用，都可以催生出一种新事物。前提是人类的思想是正确的，符合规律的。当一个人的思维足够开阔，思想足够丰富，就可以对事物乃至宇宙产生不可思议的影响，从而创造出更多不可思议的财富。

2. 提升财富认知

为什么有些人总能发现新的赚钱机会，而你却发现不了，这其实就是认知上的差距，赚钱机会其实就是信息差，而发现信息差靠的就是认知差。在 2001 年的时候，如果你在俄罗斯周边的小城市开一家对外出口的批发公司，不管你卖什么，一年都能赚几百万，但是大多数人并不知道这个信息。2005 年的时候，某国际电商平台开始招商，个人卖家也可以入驻，基本上卖什么都有人买，每天都能有几千美金的销售额，而且利润很高，但大多数人不知道这个信息。以上都是信息不对称所带来的商机，只有少部分人知道。今天也有很多这种机会，但是赚钱的这些人，基本上都是在闷声发大财，没有人愿意讲出来，等他愿意讲出来的时候，基本上这些机会已经不赚钱了。那为什么这些信息，总是只有少部分人知道呢？其实根本上正是认知上存在差异，当消息出现的时候，不是每个人都相信的，相信的人也不一定能看到这个消息背后的价值。在这种情况下，消息就只是消息而不是信息，就像你现在回到 2005 年告诉你爸妈赶紧贷款买房子，未来房子会大涨，你爸妈大概率会摸摸你的脑袋，看看这孩子是不是发烧了，他们根本不相信你说的这条信息，因为他们没有对于这条信息的处理能力。一件事情结果的好坏，很大程度上取决于你的认知，认知加消息才能形成信息。你能看到信息背后的价值，而其他人看不到，信息差也就形成了。今天在互联网上有很多消息，但里面真正有价值的消息却很少，如果你自己不会甄别，那么这些消息也就对你毫无意义。这就是为什么认知需要锻炼的原因。

那怎么锻炼自己的认知呢？衡量一个人认知的高低程度，就看他对某个事物的内部结构、横向比和历史演变，这三个维度的认知程度。所以我们锻炼自己的认知，也要从这几个方面去锻炼。

衡量一家公司的好坏，首先要看这家公司的内部结构，比如产品、人员的构成、营业收入的构成等，公司是重研发还是重销售，整体的商业模式是什么样的？是靠商品赚钱，还是靠服务赚钱，或是靠卖广告赚钱，公司每年营业收入和利润怎么样？然后再看这家公司的横向对比，也就是这家公司行业地位怎么样？比如这个公司一年能赚1000万元，同行业的其他公司，一年只能赚500万元，那他就是这个行业的佼佼者。再看这家公司的历史演变发展历程，创始人为什么要创办这家公司。这个行业早期是怎么演变的？这家公司早期是怎么起步的？公司历史上有过哪些重大决策，成果又有哪些？这些信息可以让你深入了解一家公司。同理，如果你要去了解一个国家，其实也是按照这个步骤去了解，只不过所包含的信息量更大。

所以想要看透一件事物，只要清楚事物的内部结构、横向结构和历史演变这三个维度，你就至少能的看透这件事的90%。

3. 犹太人的财富观点

先分享一个故事。

一个犹太人来到一个小镇上，开了一家饭店，生意兴隆；第二个犹太人来到这里，发现饭店生意很不错，想到客人需要娱乐，就投资开了一家酒吧，生意也很好；第三个犹太人来到这里想到来小镇的人多了，需要住宿，于是开了家酒店，生意也非常好；第四个犹太人又发现住店的人需要生活用品，就开了超市，于是大家一起行动，把一个小镇经营得非常繁荣，很多犹太人都富裕了。然而当中国人来到了一个小镇，他在这里开了一家饭店，生意很好；第二个中国人来到这里，发现第一个人投资饭店生意令人羡慕，起紧开了第二家饭店；第三个中国人来到这里，看见前两个同胞的饭店生意很好，很眼红，火速开了第三家饭店；第四个人来了依然开了饭店。饭店多了开始竞争，各家打折促销，最后恶性竞争，饭店纷纷倒闭，小镇又回到了原点。由此，你该明白了吧！犹太人有着极强的创造能力，而我们有着极强的复制能力，但是在今天，我们只有复刻能力是远远不行的，我们一定要有自己的创新与创造，只有这样才能拥有真正的核心竞争力。

犹太人为什么这么厉害呢？犹太人在教育孩子的时候，很重视财商教育，财商的积累是从小训练的。财商包括哪些呢？

第一，钱是有脚的，就是你对钱的态度，会决定钱是不是跟你在一起。什么叫态度呢？犹太人认为，生活的节俭本身，是财富积累的重要前提，保持朴素的生活，你才能跟财富有缘。犹太人买车，基本上没有人买奔驰、凯迪拉克、劳斯莱斯，几乎都是丰田，这是相对性价比较好的车。他们没有人把金子贴到脸面上的，他们很讲究生活的简朴，他们认为这是财富来到的前提——有钱不乱花。

第二，特别强调马太效应。《圣经》里有个故事很重要，说一个主人出行的时候给两个仆人一人一枚金币。一段时间以后主人回来，他发现一个仆人把它埋到床底下，另外一个仆人拿它去买了鸡，买了羊变成 10 枚金币。主人不仅没有平均分配，还把那个仆人仅有的一枚金币没收掉，奖励给这个有 10 枚金币的人，所以犹太人说财富观的第二个核心就是马太效应：穷者越穷，富者越富，强者越强，弱者越弱。所以一定把你的财富看好。

第三，非常有趣的是一定限制或者约束小朋友买小件，一定鼓励他买大件。在日常的开销里面，比如买个饮料，买个水这种生活开销，犹太的妈妈一定会给你准备好，不会让孩子轻易去外面小卖部或超市买水、买可乐，他认为这种花小钱是生活奢靡的重要潜台词，不要把钱浪费在看不见的小地方，要攒着，干吗呢？买大件。比如说你在遇到投资机会的时候，你就会拿得出钱；比如你遇到心爱的东西，可以买个大件，买大件有成就感，会鼓励你更好地走向生活和事业，花小钱把钱花碎了，只会带来生活的奢靡之风。

4. 致富要有意志力

只有每一个穷人拥有致富的决心和信心，拥有了致富的坚定信念，富足才会代替贫穷。如果我们的大脑充斥着贫穷的阴影，时常被贫穷困扰，我们又如何去描绘美好的事物？我们又怎能勾画出清晰的财富图景？如果没有对财富对美好事物的追求，我们又怎么会拥有坚定的致富信念？没有坚定的致富的信念，我们怎能走向富裕呢？也就是说，了解了贫穷对我们又有什么好处呢？我们对贫穷再熟悉，也改变不了贫困的现状，也消除不了贫穷的存在。消除贫困的唯一办法只能是彻底地抹掉大脑中的贫穷印象，给自己足够的信心去追求财富，走向富足。请行动起来吧，让贫穷彻底消失。

在致富的路上，毅力是非常重要的因素之一。毅力是指坚持不懈地追求目标，即使遇到困难和挫折也能坚持下去的能力。毅力使人能够克服困难。在创业或投资过程中，难免会遇到各种挑战和困难，比如市场竞争激烈、资金短缺、技术难题等。只有具备毅力，才能在困难面前不轻易放弃，而是积极寻找解决办法，坚持努力，最终克服困难。毅力使人能够保持长期的专注和投入。致富并非一蹴而就的过程，需要长期的努力和投入。很多成功的企业家和投资者都经历了多年的辛勤工作和持续投资，才最终实现了财富的积累。只有具备毅力，才能在漫长的过程中保持专注和投入，不被短期的波动和诱惑所动摇。毅力还能帮助人们建立正确的心态。在致富的过程中，可能会遇到失败和挫折，但是只有具备毅力，才能从失败中吸取教训，重新调整策略，继续前行。毅力能够帮助人们保持积极的心态，相信自己的能力和潜力，坚信成功的可能性，从而更好地应对挑战和困难。

我们一定要相信：毅力在致富的路上起着至关重要的作用。只有具备毅力，才能坚持不懈地追求目标，克服困难，保持专注和投入，建立正确的心态，最终实现财富的日益积累。因此，无论在什么行业或领域，都需要培养和发展自己的毅力，才能在致富的道路上取得成功。

5. 金子就在你身边

穷人和富人的差别就是，穷人不善于寻找财富，而富人之所以能够创造财富，就在于他们终生都在孜孜不倦地寻找财富。穷人之所以贫穷，不是因为所有的财富已被瓜分完毕。而是因为他们坚信这个世界上没有任何发财致富的机会。

不错，现在要想进入某些行业确实已经很困难，你可能会被拒之门外。但是，上天关上了门总会为你开一扇窗，总会有另外的行业能带给你机会。

的确，如果你在一个大集团公司工作了许多年，仍然只是一名普通雇员，也许就很难实现自己做老板的梦想。但是，如果你开始按照正确的方式做事，就会不再局限于这份工作，你会更加积极地进取，走上适合自己致富的道路。比如，你可以去开一家小店，零售经营。不断发展的社会给从事零售行业的个体经营者提供了非常好的机会，这使得他们发觉致富并不困难。但你可能会说"我没有资金"，不错，正是这种消极的想法束缚了你。今天也许是这样，但明天呢？只要你选择相信财富就在自己身边，就一定能够得到自己所希望的。

我们的需求随着人类社会的发展而变化。不同阶段，不同时期，机会的浪潮都会向不同方向涌动。如果你能顺应时代潮流的发展，不是逆着机会的潮流而动，你就会发现，机会总是无处不在。

人类作为整体，也符合致富的规律。人类，其整体总是越来越富裕；而个体的贫穷，完全是由于他没有积极努力地去寻求致富之路。生命固有的内在动力总是驱使自身不断向更加丰富多彩的生活迈进。智慧的天性就是寻求自我的扩张，内在的意识总会寻求充分展示自我的机会。宇宙并非静止，它不断追求永恒的进化与发展。

大自然正是为生命的进化而形成，也为生命的丰富多彩而存在。因此，大自然中蕴藏着生命所需的充足资源。我们相信，自然界的真谛不可能自相矛盾，自然界也不可能使自己已显现的规律失效。因此，我们更有理由相信，宇宙中的资源取之不尽。所以，丝毫不必担忧，没有人会因为大自然资源的匮乏而受穷。

记住这个事实：谁也不会因大自然资源的短缺而受穷。你的手中掌控着财富的权利，只要你肯努力地去寻找，终将得到属于你的财富。

财富究竟在哪儿？一些人满世界地寻找财富，也不见得能找到。其实，"财富就在你身边25米之内……"这是世界最大的零售企业集团的总裁沃尔玛先生说过的一句话。

沃尔玛生前十分注意从身边的一点一滴做起。他脚踏实地地创办了以家庭零售为主的大型超市，这种让常人看不起眼的小生意，却给他带来了巨大的财富。他曾是世界上最富有的人，只是后来他去世了，分了家产，才让比尔·盖茨的财富值超越了他了。他生前谈及致富的经验，曾语重心长地对前来取经的人说：财富就在身边25米之内，任何人都可以获得财富，但看你究竟是怎样做的。他身先士卒，常常出现在顾客最需要的地方，这是沃乐玛获得成功的奥秘之所在。

《财富》杂志的一名记者曾采访沃尔玛，对他说："我可以明天到你的办公室访问你的成功之道吗？"沃尔玛说："当然可以。"翌日，那位记者到了他的办公室，但等了半小时也没见沃尔玛出现。秘书经过办公室，见这位记者还在等，便说："我帮您找找他……哦，找到了，他在零售店门外。"那位记者立即去找沃尔玛，见他正为顾客将货物装箱，并抬入货车中。

一个世界最有钱的人，居然做这种工作，真的让人感动。那位记者对沃尔玛说："你不是答应在办公室等我的吗？"沃尔玛答道："当然，我是在等你啊。"记者问："那你为什么在这里？"沃尔玛答道："我的办公室就在街上，这是客人最需要我的地方，难道是在冷气房内吗？"

许多人做生意都好高骛远，他们喜欢做大事，整天坐着飞机满世界地乱跑，把时间都浪费在路上。这些人赚着钱了吗？没有。他们只是做给人看，扮成功生意人，而没有钱赚。这类人大都是电影和小说中想象的成功人士，到头来大都一无所获。美国有一位最出色的人寿保险推销员叫费利民。他卖出的保险是全世界最多的，但他的工作范围，却不过距家门20公里内，一个小镇的范围。这个镇的人口不断地减少，但费利民先生却做了不少的生意。沃尔玛先生知道了费利民的事之后，称赞费利民是天下最会做生意的人。他说："最大的财富在身边25米之内，但人们却会舍近求远，离开有机会的身边而往外发展，这真的让人费解……"
同样的事情发生在我们身边。

有一个刚刚下岗的女工，她很喜欢购买化妆品。有一天，她在电视广告中看见了一个自己喜欢的化妆品，就按广告中提供的电话，打给生产那家化妆品的厂家。可电话怎么打也打不通，她只得求助于查号台，才发现广告中的电话号码是错误的。这位女士又打电话给生产厂家告之这一情况。厂家十分感动，派专人送来了5000元钱。他们说："做这个广告，公司花了200万元。你帮我们发现了错误，这5000元钱送给你不多……"
这位下岗女工由此受到启发，又为自己专门做了一个广告，专门应聘为做广告的厂家监督广告中的错误。好几家公司看了广告之后，聘用了她。这样，她每天的工作，就是坐在家里看电视，她的月薪收入高达5000多元。

财富就在你身边。沃尔玛教会了我们如何节省时间，脚踏实地从自己的身边寻找财富的道理。

第六章

思路决定人生路

一、自我定位很重要

在这个竞争的时代，有人每天都会抱怨收入太低、生活压力太大，可他们从来没有想过自己和那些财富远高于自己的人差距究竟有多大？认为自己能力不行，不自觉地给自己一个局限定位。曾仕强教授讲："一个人要经过一段摸索，才知道我这辈子来是要干什么？"你哪一天找到你坚定不移的是你这辈子要做的事情，那就叫立。一个人要立，就是要找好自己的定位，不要东张西望，不要一会儿学这个，一会儿学那个，搞得一无所成。所谓定位，就是知道自己应该做什么，目标正确，方向正确，方位搞清楚远远比速度更重要。

1. 远大目标是成功磁石

一个人追求的目标越高，他的能力发展得越快，对社会就越有益。什么样的理想，将决定你成为什么样的人。远大的目标是成功的磁石。

被誉为发明之父的爱迪生，小时候只上了几个月的学，就被老师辱骂为愚蠢糊涂的低能儿而退学了。爱迪生为此十分伤心，他痛哭流涕地回到家中，要妈妈教他读书，并语出惊人地说："长大了，我一定要在世界上做一番事业。"这句话出自当时被认为是愚钝儿的爱迪生之口，未免显得荒唐可笑。但是，正是由于爱迪生自小就确立了一个远大志向，惊人的目标使他越过前进道路上的坎坎坷坷，成为举世闻名的发明家。

美国哈佛大学对一批大学毕业生进行了一次关于人生目标的调查，结果如下：

27%的人，没有目标；60%的人，目标模糊；10%的人，有清晰而短期的目标；3%的人，有清晰而长远的目标。25年后，哈佛大学再次对这批学生进行了跟踪调查，结果是：

那3%的人，25年间始终朝着一个目标不断努力，几乎都成为社会各界成功人士、行业领袖和社会精英；那10%的人，他们的短期目标不断实现，成为各个领域中的专业人士，大都生活在社会中上层；60%的人，他们过着安稳的生活，有着稳定的工作，却没有什么特别的成绩，几乎生活在社会中下层；剩下27%的人，生活没有目标，并且还在抱怨他人，抱怨社会不给他们机会。

要成功就要设定目标，没有目标是不会成功的。目标就是方向，就是成功的彼岸，就是生命的价值和使命。

孙正义2000年成为亚洲首富。他23岁那一年得了肝病，在医院住院的2年，他读了4000本书，平均一天阅读5本书。

在出院之后，他写了40种行业规划，但最后选择了软件行业。事实上，他的选择是对的，软件行业使他成为亚洲首富。

选好行业之后，他开始创业。创业之初，条件艰苦，办公桌是用苹果箱拼凑的，他只招聘了两名员工。有一次，他对两名员工说："25年后，我要赚100兆日币，成为亚洲首富。"这是孙正义的目标，但在两名员工看来却是件不可思议的事情。他们对孙正义说："老板，请允许我们辞职，因为我们不想和一位疯子一起工作。"他们不知道，孙正义强大的自信来自2年之内所读的4000本书籍。

志当存高远，是著名政治家和军事家诸葛亮的一句名言。诸葛亮在青年时代就具备了远大的志向，在未出茅庐之前就自比管仲、乐毅，想干一番大事业。远大的志向加上良好的机遇，成就了他一番伟业。

著名作家高尔基说过："我常常重复这一句话：'一个人追求的目标越高，他的能力就发展得越快，对社会就越有益。'我确信这是个真理，这个真理是我的全部生活经验，是我观察、阅读、比较和深思熟虑了一切之后才确定下来的。"高尔基用自己的一生验证了自己的这段名言。

要攀到人生山峰的更高点，当然必须要有实际行动，但是首要的是找到自己的方向。如果没有明确的目标，更高处只是空中楼阁，望不见更不可及。如果我们想要使生活有突破，到达很新且很有价值的目的地，首先一定要确定这些目的地是什么。只有设定了目的地，人生之旅才会有方向和终点。

明白了你的命运来自你的奋斗目标，就会给自己以希望，就在你的内心祈祷，你对自己说："我一定要做个伟大的人。"只要你这样想、这样做，你就一定会像所想象的那样，成为一个伟大的人。

2. 没试过就不要说不行

你无法坐在原地，却想在岁月的沙滩上留下你的足印。没有尝试，就永远不会有进步。绝不能放弃万分之一的可能，相信你终有一天会成功：轻易放弃一分希望，得到的将是失败。

迈克·兰顿小的时候，母亲经常闹着要自杀，当火气来时便抓起挂衣架追着他毒打。因为生活在这样的环境里，他自幼就有些畏怯而身体瘦弱。

迈克读高中一年级时的一天，体育老师带着他们班的学生到操场教他们如何掷标枪，而这一次的体验改变了他后来的人生。在此之前，不管他做什么事都是畏畏缩缩的，对自己一点儿自信都没有，可是那天奇迹出现了，他奋力一掷，只见标枪越过了其他同学的成绩，就在那一刻，迈克知道了自己的未来大有可为。在日后面对《生活》杂志的采访时，他回想说道："就在那一天我才突然意识到，原来我也有能比其他人做得更好的地方，当时我便请求体育老师借给我这支标枪。在那年整个夏天里，我就在运动场上掷个不停。"

迈克发现了使他振奋的未来，而他也全力以赴，结果有了惊人成绩。那年暑假结束返校后，他的体格已有了很大的改变，而在随后的一整年中他特别加强重量训练，使自己的体能提升。在高三一次比赛中，他掷出了全美国中学生最好的标枪纪录，因而使他赢得了体育奖学金。有一次，他因锻炼过度而严重受伤，经检查证实，他必须永久退出田径场，这使他因此失去了体育奖学金。为了生计他不得不到一家工厂去担任卸货工人。或许是幸运之神的眷恋，他却被好莱坞的星探发现，问他是否愿意在即将拍摄的一部电影《红运当头》中担任配角，这部影片是美国好莱坞所拍的一部彩色西部片，迈克应允加入演出后，从此就没有回头。先是做演员，然后做导演，最后成为制片人，他的人生事业就此一路展开。

一个美梦的破灭往往是另一个未来的开始，迈克原先有在田径场上发展的目标，而这个目标引导他锻炼强健的体格，后来的打击磨炼他的性格，这两种训练却成就了他另外一个事业所需的特长，促使他有了更耀眼的人生。

没试过，就不要轻易否定自己，没试过，千万不要说自己不行。做什么事情，都要有尝试的勇气，都要勇于创造。迈克如果没投第一枪，或者在投了第一枪后没有勤奋地去努力，他是不会成功的。不轻易放弃哪怕一丁点儿的希望，去尝试，去发现自己的长处，相信人会越来越出色，因为这是一种精神，一种人生态度。

这是一个崇尚开拓创新的时代，人人都渴望能证实自我。正因为如此，我们更应该勇敢地去尝试。哪怕最后失败了也并不可怕，由于恐惧失败而畏缩不前才真正可怕。要战胜自己，改变目前的状态，就不要放弃尝试各种可能。以精益求精的态度，不放弃尝试种种的可能，终会有成果。

　　有个年轻人去微软公司应聘，而该公司并没有刊登过招聘广告。见总经理疑惑不解，年轻人用不太娴熟的英语解释说他是碰巧路过这里，就贸然进来了。总经理感觉很新鲜，破例让他一试。面试的结果在意料之中——年轻人的表现很糟糕。他对总经理的解释是事先没有准备，总经理以为他不过是找个托词下台阶，就随口应道："等你准备好了再来试吧。"

　　一周后，年轻人再次走进微软公司大门，这次他依然没有成功。但相比第一次，他的表现要好得多。而总经理给他的回答仍然同上次一样："等你准备好了再来试。"就这样，这个青年先后5次踏进微软公司的大门，最终被公司录用，成为公司的重点培养对象。

　　也许，在我们的人生旅途上沼泽遍地、荆棘丛生；也许，我们追求的风景总是山重水复，不见柳暗花明；也许，我们前行的步履总是沉重、蹒跚；也许，我们需要在黑暗中摸索很长时间，才能找寻到光明；也许，我们虔诚的信念会被世俗的尘雾缠绕，而不能自由翱翔。那么，我们为什么不可以以勇敢者的气魄，坚定而自信地对自己说一声"再试一次"，永不放弃万分之一的可能性！

一位 90 岁的老太太被问到会不会弹钢琴。她回答说："我不知道。"对方茫然地说："我不懂你的意思，为什么你不知道？"老太太微笑着说："因为我没试过。"是的，没有试过就不能说不会。我们有许多天赋未曾发挥，因为我们不肯尝试。

很多人都听过美国民谣歌王卡罗·金的歌，为他的温柔动人的嗓音倾倒。但是有许多人不知道，卡罗·金原本是个钢琴手。事情是这样的，有天晚上，他在西岸俱乐部演出，主唱者在最后一分钟称病告假。俱乐部老板生气地大嚷："没有演唱者，今天就没有工资。"从那晚开始，卡罗·金摇身一变，成为歌手。

今后别人问你会不会某项事情时，别急着说"不会"。再仔细想想，或许你该试试看，也许你的某项天分就会被发掘出来。再试一试，哪怕你已经经历了很多次失败，有什么要紧？再试一试，大不了结果和现在一样，自己同样毫无损失。所以在关键时候，要告诉自己，再试一试。

是的，绝不放过下一次尝试的机会，没有尝试，就永远不会进步。我们要有愚公移山的精神，相信自己一定能够搬动大山。

3. 冒险是成功的催化剂

成功的人与失败的人，他们的区别并不在于能力，而是在于是否相信判断，是否具有敢于冒险与采取行动的勇气。没有冒险者就没有成功者，让我们勇于做第一个吃螃蟹的人吧！

古列特就是一位敢于冒险的人。他生于美国，在德国长大。当他 26 岁时，来到美国纽约，选择了钢材原料与工具的进出口贸易行业，作为自己的奋斗目标。这种业务就属于那种以自己的资金为赌注来做生意的冒险行业，充满风险和危机。事实上，钢铁市场行情涨落确实非常极端，常使从业者坐立难安！一名青年胆敢单枪匹马来到一处陌生的地方，从事如此充满冒险的工作，他的勇气从何而来？古列特说："这种与钢铁有关的买卖发展需要很长的一段时间，且长久以来一直由厂商所垄断，像我这种'外来人'要想分一杯羹，可以说是毫无机会可言。因此，我必须冒险一搏。"

"冒险一搏才能赢"，就是古列特勇气与毅力的来源，其公司的建立便是根植在这种坚强的心理基础之上。在他的公司创立不久，他被征召入伍了。但是战争结束后，他扩大公司的营运规模，无论大大小小的钢铁制品他皆负责经营。一年的时间中，他至少有一半的时间在外奔波，忙于寻找新顾客与拓展新市场，并在投资与经营手段上连连走出一招招的冒险妙招，使公司的业务量直线上升。他有时甚至远渡重洋，飞往各国与客户洽商。多年来，他一直过着一个星期工作 6 天、一天工作 12 小时的生活，辛劳程度远超过常人，但他仍然每天充满干劲，初心不改。

到 20 世纪 50 年代末，古列特的公司已成长到每年有 1000 万美元的业务，收益在 100 万美元以上，他个人一年的平均所得达 40 万美元之多。可以说，其公司业绩已相当可观。如果古列特没有当初的冒险之心，今天就没有这种成果。

古列特由于自身十分乐于迎接迎面而来的挑战，所以他敢于冒险去创造机会而与幸运之神相遇。要想获取成功，就要有冒险的精神，用积极的心态，全神贯注地做好准备，随时出击，牢牢地抓住机会。不会冒险的人永远不会成功。

然而，当冒险的结果不太令人满意的时候，人们常常会说："还是躺在床上保险。"其实，即使是到任何地方的旅行都潜藏着冒险，小到丢失自己的行李，大到作为人质，被劫持到世界的某个遥远角落。

有很多人似乎都习惯于"躺在床上"过一辈子，因为他们从来不愿去冒险，不管是在生活中，还是在事业上。但是，当你横穿马路时，当你在海里游泳时，当你乘坐飞机时，都潜藏着冒险。

从有文字记载以来，冒险总是和人类紧紧相连。虽然火山发生时所产生的大量火山灰掩埋了整个村镇，虽然肆虐的洪水席卷了家园，但人们仍然愿意回去继续生活，重建家园。飓风、地震、台风、龙卷风、泥石流以及其他自然灾害，都无法阻止人类一次又一次勇敢地面对可能重现的危险。

事实上，我们总是处在这样那样的冒险境地。"没有冒险的生活是毫无意义的生活。"我们必须要横穿马路才能走到另一边，我们也必须依靠汽车、飞机或轮船之类的交通工具才能到达另一个地方。但是，这并不意味着所有的冒险都毫无区别，恰当的冒险和愚蠢的冒险也有着明显的不同。

如果你想成为一个生意上的冒险者，如果你渴望成功，你就应该分清这两种类型的冒险之间到底有什么样的差异。有一位功成名就的人这样说："那种只在腰间系一根橡皮绳，就从大桥或高楼上纵身跳下的做法是一种愚蠢的冒险，即使有人很喜欢那样做。同样，所谓的钻进圆木桶在尼亚加拉大瀑布上漂流，所谓的驾驶摩托车飞越并排停放的许多辆汽车，在我看来，这些都是愚蠢的冒险，只有那些鲁莽的人才会干这种事情。尽管我知道有人不同意我的看法。"

无论在学业、事业或生活的任何方面，我们都可能需要尝试恰当的冒险。在冒险之前，我们必须清楚地认识那是一种什么样的冒险，必须认真权衡得失——时间、金钱、精力以及其他牺牲或让步。如果你从来没有想过冒险，那么你的日子就像一潭死水，你永远无法激起波澜，永远无法取得成功。

日本松下电器创始人松下幸之助在 22 岁时开始创业，当时他对未来能否成功并无把握，一步跨向充满挑战的世界，他感到非常迷茫。然而，松下渴望成功的念头却十分强烈，同时也做了万一失败的心理准备，反正车到山前必有路，万一失败，再另谋生路就是了。

如果你失败了，有何打算？松下幸之助毫不犹豫地回答："怎么办？真若走投无路，就去卖面吧！而且我要卖比别人都好吃的面。"同时也打定"万一失败"，纵然身无一物，也有东山再起的决心。

敢冒最大的风险，才能赚最多的钱。"劳埃德"是英国保险公司中名气最大，信誉度最高，资金最雄厚，历史最悠久，赚钱最多的一家保险公司。每年承担保险金额为 2670 亿美元，保险费收入达 60 亿美元。劳埃德的公司一直坚守着"在传统商场上争取最新形式的第一名"的信条。事实也是如此，劳埃德保险公司总能敏锐地认识和接受新鲜事物。

1866 年，汽车诞生，劳埃德保险公司在 1909 年率先承接了这一形式的保险。在还没有"汽车"这一名词的情况下，劳埃德保险公司将这一保险项目暂时命名为"陆地航行的船"。

1984 年，由美国航天飞机施放的两颗通信卫星曾因脱离轨道而失控，其物主在劳埃德保险公司投了 18 亿美元的保险。劳埃德眼看要赔偿一笔巨款，于是出资 550 万美元，委托美国"发现号"航天飞机的宇航员，在 1984 年 11 月中旬回收了那两颗卫星。经过修理之后，这两颗卫星在 1985 年 8 月被再次送入太空。这样，劳埃德保险公司不仅少赔了 7000 万美元，而且向他的投资者说明：卫星保险从长远看还是有利可图的。

冒险就是要我们去承担风险，许多时候，风险会让我们去努力改进目前的状况，向更高的方向发展。世界上没有一件可以完全确定或保证的事，成功的人与失败的人，他们的区别并不在于能力或意见的好坏，而是在于是否相信判断，是否具有适当冒险与采取行动的勇气。

冒险不是盲目草率的行为，不是瞎闯、蛮干，不是随心所欲，而是要有目标、有计划、有实施方法和步骤的实践活动。冒险必须建立在对客观事物正确分析、判断的基础上，采用科学的冒险方法，否则，就无法实现成就事业的目标。

冒险的基本方法是确立可行的目标，发挥科学的分析判断能力，积蓄冒险的力量，实施冒险的应变策略，付诸冒险的实际行动。

在敢于冒险的同时，还要善于运筹，注意避免危险结果的发生。因此，在冒险时要遵循以下原则：

首先，要发挥分析判断能力。在实际的决策过程中，所涉及的因素非常复杂，这就要求人们要有高超的分析判断能力，能够把所有的因素综合在一起做出正确的判断，要选择最有希望的方案。

其次，要运用各种主客观条件，尽量化险为夷。要减少冒险的风险性，一个可行的办法就是通过试点实验收集有关信息资料，或者利用已有的历史资料，加上你可靠的分析与判断，把一些未知的不确定的因素转化为可以把握的确定因素，从而将冒险转化为安全的进取。

最后，要备好预案。冒险中随时会有一些偶然性、不确定性的危险发生，这是难以预料和避免的，如果只有一个方案，"一锤子买卖"，这就要冒很大的风险，因此，要预备好必要的应变方案。只有这样，才能在可能出现的不测事故发生时，自如洒脱地灵活应对，做到"东方不亮西方亮""断了前路有后路"。

4. 定位改变人生

人们常说"人贵有自知之明"，就是要正确认识自己，找准人生的坐标，既不高估自己，也不低估自己。认识到这一点容易，但要做到这一点，却非人人能及。不能正确地评价自己，做好定位，朝着正确的方向前进，是人成功道路上的一堵墙。正确的做法应该是改变错误的思维模式。

想拥有更大的权力，想到更能发挥自己才能的岗位上去，想做出比别人更大的成就……几乎所有人都有上进心，都有改善现状的欲望。但是，正确估价自己的人，完全有能力接受自己目前所处的现状和环境，这对于想成功的人来说是非常重要的。

　　世上没有十全十美的人，有些缺点和性格是与生俱来并要带进坟墓的。只要看看那些伟大的成功者，你就能立即明白——他们都接受了自然的自我。

　　接受自己，对于正确地评价自我非常重要。一个人的发展，在某种程度上，取决于自己对自己的评价，这个评价有一个通俗的名词叫定位。在你的心目中，你把自己定位成什么你就是什么，因为定位能决定人生，定位能改变人生，用两个故事来感受一下。

　　故事一：从前有一个乞丐，经常在地铁口卖铅笔。一名商人路过，向乞丐杯里投入几枚硬币，就匆匆地离去了。过了一会儿，商人折回来对乞丐说："对不起，我忘了拿铅笔，你我毕竟都是商人。"几年后，商人参加一次高级酒会，遇见了一位衣冠楚楚的先生，向他敬酒致谢。这位先生说，他就是当年地铁口卖铅笔的乞丐，他的改变得益于商人的那句话"你我都是商人"。故事告诉我们当你定位于乞丐，你就是乞丐，当你定位于商人，那你可能就是商人。

　　故事二："汽车大王"福特，他自幼跟随父亲在农场干农活，很小的时候他就在头脑中构想如何用能够在路上行车的机器代替牲口和人力，但当时的父亲和周围的人，都要他在农场做助手。若他真的听了父辈的安排，世间便少了一位伟大的工业家。福特内心坚信自己可以成为一名机械师，于是他用一年时间完成了其他人需要用三年时间完成的机械师训练，随后又花两年多的时间研究蒸汽原理，试图实现他的目标,但未成功。后来他又投入汽油机研究中，每天都梦想制造一辆汽车。他的创意被大发明家爱迪生所赏识，邀请他到底特律的一家公司担任工程师。经过 10 年的努力，在 29 岁时，福特成功制造出第一辆汽车。今天在美国，每个家庭都有一辆以上的汽车，底特律成为全美国最大的工业城市之一，也是福特的财富之都。福特的成功，归功于他对自己正确的定位和不懈的努力。

二、破瓶颈唤醒潜能

有时候，如果你的方向不对，所有的努力都是白费。当你人生遇到了瓶颈，你就要静下心来认真反思，寻找新的途径和新的知识方法去突破。要学会与潜意识沟通，不断觉醒自己，挖掘潜在的能量，只有这样，你遇到的问题才能迎刃而解。要明白，许多问题的根源都在于自己，坚信自己有无穷潜能，只有与自己的潜意识深度沟通，自身能量才能激发出来，才能释放出最好的自己。

1. 发掘自身潜能

每个人都有自己的命定天赋，它等着你将它挖掘出来。任何人都有一种抱负，做一些独特的、带有个人特质的事情，从而使自己能免于平庸和世俗。最理想的抱负就是根植于现实土壤的切实目标，在自身能力范围之内，尽可能追求卓越。真正需要唤醒的是你自己，每个人都应该尽可能地挖掘自身潜能，激发自己的雄心壮志。

很多时候，某些我们极其敬仰的人给予我们的信任和鼓励。或者是当有些人对我们表示怀疑时，另一些人却毫不犹豫地对我们的才能表示肯定，都可能激发我们的雄心，并使我们在一瞬间看到无穷的机会。或许在当时我们并没有对此给予太多的关注，但是，它很可能成为我们职业生涯中的一个转折点。

在生活中，无数的人在阅读一本激励人心的书或一篇感人至深的励志文章的时候，都会突然灵光一闪，发现了一个崭新的自我。如果没有这样的书或文章，他们极有可能永远对自身的真实能力没有正确的判断。任何能够使我们真正认识自己、能够唤醒我们全部潜能的东西都是无价之宝。但是问题在于，我们中的绝大多数人，从来没有被唤醒过，或者直到生命的晚年才真正认识自身的潜能，但是为时已晚，再也不可能有大有作为了。因此，在我们年轻时就应当对自身的潜能有一个清醒的认知，唯有如此，我们才能有效地发掘生命的潜能，从而最大限度地实现自我价值。

大多数人在生命走向尽头时，还有相当的一部分潜能根本没有被开发，他们只用了自身能力中很小的一部分，而其他很多珍贵的财富却白白地闲置在那儿，原封不动。因此，最大化地开发一个人的潜能成为当下每个人面对的重要命题。

2. 潜能开发的途径

如何才能让潜能发挥开发出来呢？潜能开发的途径有许多种，下面我从"诱、逼、练、学"四个方面来阐述。

"诱"就是引导。寻求更大领域更高层次的发展，是人生命意识中的根本需求。这山望着那山高，喜新厌旧是人的本性，因此具有主体自觉意识的自我，有理性的自我，是绝不愿意停留在任何一种狭小的有限的状态之中的，而是总想不断开拓以取得更大的发展，从而更好地生存，这种炽热的、旺盛的发展需要，是渴望成功的表现，是潜能蓄势待发的前兆，只要对这种发展意识给予有益的暗示，引发规划和培育就能很好地激发并释放潜能。

"逼"就是逼迫。人是一个复杂的矛盾体，既有追求发展的需要，又有安于现状得过且过的惰性。能够卧薪尝胆自我警醒的人少之又少，更多的人需要的是鞭策。被逼就是最自然的好办法，我们常说的压力就是动力，就是这个意思。因此，被逼不是无奈，被逼是福。要么你是被看得起的人委以重托，要么是有好运气，否则别人不会逼到你头上来。被逼时心态就会改变，被逼时就会有明确的目标，被逼时就分得清轻重缓急，被逼时就会马上行动。不寻求突破不创新就休想跨过这道坎，于是潜能在被逼下如同核聚变。

逼自己就是战胜自己，让自己变得比过去的自己更好；逼自己就是超越竞争，必须比别人更好。别人想不到的，我要想到；别人不敢想的，我敢想；别人不敢做的，我来做；别人认为做不到的，我一定要做到。潜能的力量是巨大的。人的潜能也遵循着"马太效应"，越开发、越使用，就越多越强。

"练"就是练习。此处特指专家为开发人的潜能，而专门设计练习、题目、测验、训练，如脑筋急转弯、一分钟推理等等，多练有益。

"学"就是学习。学习绝对是增加潜能基本储能及促使潜能发挥的最佳方法。知识丰富必然联想丰富，而智力水平则取决于神经元之间的信息链接的广度和信息量。

3. 打破心中的瓶颈

几年前，举重项目之一的挺举项目中，有一种"500磅（约227公斤）瓶颈"的说法，也就是说，以人的体力而言，500磅是很难超越的瓶颈，当时没有一个运动员能突破这个重量。一次，499磅的纪录保持者巴雷里比赛时所举的杠铃，由于工作人员的失误，实际上超过了500磅。这个消息发布之后，世界上有6位举重高手也紧接着举起了一直未能突破的500磅杠铃。

有一位撑竿跳选手，一直苦练都无法越过某一个高度。他失望地对教练说："我实在是跳不过去。"教练问："你心里在想什么？"他说："我一冲到起跳线时，看到那个高度，就觉得跳不过去。"教练告诉他："你一定可以跳过去，先让你的心从竿上跳过去，你的身子也一定会跟着过去。"他撑起竿又跳了一次，果然跳过去了。打破心中的瓶颈，可以迸发出潜在的力量，可以超越困难，可以突破阻挠，可以粉碎障碍，达成你的期望。

人的生活罗盘经常失灵，日复一日，有很多人在迷宫般的、无法预测的茫茫职场中失去了方向。他们不断触礁，可是别人却技高一筹地继续航行，安然应对每天的挑战，平安抵达成功的彼岸。为了维持正确的航线，为了不被沿路意想不到的障碍和陷阱困住或吞噬，你需要一个可靠的内部导航系统。一个有用的罗盘，将为你在陷入职场困境时指引一条通往成功的康庄大道。然而，可悲的是，很多人从未抵达终点，因为他们借助失灵的罗盘来航行。这坏掉的罗盘可能是扭曲的是非感、蒙蔽的价值观、自私自利的意图、未能设定目标、无法分辨轻重缓急，等等。聪明人利用罗盘，可以获致恒久的成功。有智慧的卓越者，选择可靠的路线，坚定地向前行进渡过难关，安然抵达终点。

4. 充分运用你的潜能

我们都知道，每个人的身体里面潜伏着巨大的力量。只要你能够发现并加以利用这种力量，便可以成就你所向往的。如果能打开你心智的眼睛，看到你内在无限大的"宝库"，你会发现在你的周围就有无限财富。在你潜意识的深处，有着无限的智慧、力量，以及你所需的"供应器"，等着你去发掘、发挥。

如果你愿意开放你的心灵去接受，你潜意识中的无限智慧就会在任何时间、空间，提供你所需要的每一样事物。你可以接受新的思想和观念，使你能够提出新的发明、新的发现，或写出新书和剧本；你潜意识中的无限智慧，甚至可以把各种奇妙的知识，原原本本地传授给你。它可以指引你，为你开辟道路，使你在生活中能够完美地发展自己，并达到你真正应该达到的水平。

在我们的现实生活中，有许多人直到老年时才表现出他们的潜能。为什么到老年才激发他们的潜能呢？有的是由于阅读富有感染力的书而受到激发；有的是听了富有说服力的讲演而受感动；有的是由于朋友真挚的鼓励。而对于一个人的潜能，作用最大的往往就是朋友的信任、鼓励、赞扬。倘若你和一些失败者面谈，你就会发现：他们失败的原因，是因为他们无法获得良好的环境；是因为他们从来不曾走入过足以激发人、鼓励人的环境中；是因为他们的潜能从来不曾被激发。在一生中，无论何种情形下，你都要不惜一切代价，走入一种能激发你的潜能的氛围中，能激发你走上自我发达之路的环境里。努力接近那些信任你、鼓励你的人，这对于你日后的成功，具有巨大的影响。你要与那些努力向上的人接近，他们志趣高雅、抱负远大，你会在不知不觉中深受他们的感染，养成奋发有为的精神。如果你做得还不十分完美，那些在你周围向上的人，就会来鼓励你、帮助你。

几乎所有的人一生中都只发挥了其潜能的 15%，他们不能发挥其余 85%。原因在于恐惧、不安、自卑、意志薄弱及罪恶感。将所有的原因综合起来，可以说是"与外界的不调和"，因为不能包容外界，则等于是替自己的潜能刹了车。

与外界的调和能使你的潜能发挥到淋漓尽致的地步，相信你很容易便能了解这一法则，因为所谓创造的行为，是向着外界去发挥，所以一旦能和外界调和自然会产生优异的结果。你要知道，你的潜能会在不断运用中得到增加而且会带给你更多的收益。

三、莫把忧虑藏心中

不要把忧虑和恐惧隐藏在心中。现实生活中，有很多人感到忧虑与不安时，总是将他们深藏在心底，不肯坦白说出来。其实，这种办法是很愚蠢的。不要怕困难，人遇到困难，往往是成功的先兆，只有不怕困难的人，才可以战胜忧虑和恐惧。

1. 抑郁是一种失落

如果抑郁长时间地控制着自己的情绪，那么人就容易走上绝望的恶性循环之路。抑郁是一种消极而低落的情绪，人置身其中就仿佛处在阴暗的围墙之中，无法体味到开朗、洒脱、豁达的人生境界。

美国医学协会曾发起一项对 10 多个国家（地区）约 3.8 万人的调查活动，结果显示，有 5% 的人患有抑郁症，抑郁症发病率最高的年龄段在 25 ～ 30 岁之间，其中女性的比例明显高于男性。抑郁症病人中有 2/3 的人曾有自杀想法，其中有 10% ～ 15% 的人最终自杀，自杀者中 70% 的人有抑郁症状。我国 20 世纪 90 年代对 7 个主要省市的调查结果表明，约有 27% 的人患有精神障碍（其中抑郁症位居首位），一半的病人在 20 ～ 29 岁发病。

沮丧只是一时的情绪失落，但抑郁不同。专家告诉我们，生活中充满了大大小小的挫折和失败，常常我们最梦寐以求的东西，却再也不存在了，我们最心爱的人，再也不能回到我们身边了。每当这些时刻来临的时候，我们都会体验到悲伤、痛苦，甚至绝望。通常，由这些明确现实事件引起的抑郁和悲伤，是正常的、短暂的，有些甚至有利于个体的成长。但是，有些人的抑郁症状并没有十分明确、合理的外部诱因；另外一些人，虽然在他们的生活中发生了一些负面事件，但是，他们的抑郁症状持续得很久，远远超过了一般人对这些事件的情绪反应，而且抑郁症状日趋恶化，严重地影响了工作、生活和学习。如果是这样，那么很可能他们患了抑郁症。

抑郁就好像透过一层黑色玻璃看事物。无论是考虑你自己，还是考虑世界，任何事物看来都处于同样的抑郁而暗淡的光线之下，"没有一件事做对了""我彻底完蛋了""我无能为力，因我也不值一试""朋友们给我来电话仅仅是出于一种责任感"。当你工作中出了一点儿毛病，或思想开了小差，你就认为"我已经失去了干好工作的能力"，好像你的能力已经一去不回了。回想过去，你的记忆中充满着一连串的失败、痛苦和亏损，而那些你曾经认为是成功的事情，以及你的爱情和友谊，现在看来都一文不值了。你的回忆已经染上了抑郁的色彩。一旦戴上这副黑色的滤光镜，你就再也不能在其他的光线下观察任何事物，消极的思想与抑郁相伴，情绪低落导致消极的思想和回忆，同时，消极的思想和回忆又导致情绪低落，如此反复下去，便形成一个持久而日益严重的抑郁恶性循环。

2. 豁达是一种人生态度

幸福的人只记得一生中的满足之处，不幸的人则只记得相反的内容。下面，讲一则故事。

三伏天，禅院的草地枯黄了一大片。"快撒点儿草种子吧！好难看哪！"小和尚说。师父挥挥手说："随时！"

中秋，师父买了一包草籽，叫小和尚去播种。秋风起，草籽边撒、边飘。"不好了！好多种子都被吹飞了。"小和尚喊。"没关系，吹走的多半是空的，撒下去也发不了芽。"师父说，"随性！"

撒完种子，跟着就飞来几只小鸟啄食。"要命了！种子都被鸟吃了！"小和尚急得直跳脚。"没关系！种子多，吃不完！"师父说，"随遇！"

半夜一阵骤雨，小和尚早晨冲出禅房："师父，这下真完了！好多草籽被雨冲走了！""冲到哪儿，就在哪儿发芽！"师父说，"随缘！"

一个星期过去了。原本光秃的地面，居然长出许多青翠的草苗。一些原来没播种的角落，也泛出了绿意。

小和尚高兴得直拍手。师父点头说："随喜！"

随不是跟随，是顺其自然，不怨恨，不冒进，不过度，不强求。随不是随便，是把握机缘，不悲观，不刻板，不慌乱，不忘形。

不要幻想生活总是那么圆圆满满，也不要幻想在生活的四季中只享受春天，每个人的一生都注定要跋涉沟沟坎坎，品尝苦涩与无奈，经历挫折与失意。

在漫漫旅途中，失意并不可怕，受挫也无须忧伤。只要心中的信念没有萎缩，只要自己的季节没有严冬，哪怕寒风凄冷，哪怕大雪纷飞。艰难险阻是人生对你的另一种形式的馈赠，坑坑洼洼也是对你意志的磨砺和考验。落花在晚春凋零，来年又灿烂一片；黄叶在秋风中飘落，春天又焕发出勃勃生机。这何尝不是一种达观，一种洒脱，一份人生的成熟，一份人情的练达！

这种洒脱的人生，不是玩世不恭，更不是自暴自弃，洒脱是一种思想上的轻装，洒脱是一种目光的超前。有洒脱才不会终日郁郁寡欢，有洒脱才不觉得人生太压抑。

懂得了这一点，我们才不至于对生活求全责备，才不会在受挫之后彷徨失意。懂得了这一点，我们才能挺起刚劲的脊梁，披着温柔的阳光，找到充满希望的起点。

3.猜疑是人生大敌

猜疑是人心理上的劣根性，猜疑流淌在我们每个人的血液里，猜疑是窝里斗的祸根，是化友为敌的障眼幕，是造成自杀和他杀的毒品。猜疑是基于一种对他人不信任的，不符合事实的主观想象，是人际关系交往过程中的拦路虎。具有猜疑心的人与别人交往时，往往抓住一些不能反映本质的现象，发挥自己的主观想象进行猜疑，而产生对别人的误解，或是之前对某人有某种印象，在交往之中就处处带着这种成见，与对方接触，对方一有举动就对原成见加以印证。所以猜疑心理有种种表现，但我们可以发现其共同的特质，既没有事实的根据，单凭自己主观的想象，抓住皮毛，忽略本质，片面推测，不怀疑自己的判断，只是相信自己，怀疑他人、挑剔他人。具有猜疑心理的人，把自己置于一种苦恼的心态中，对别人采取不信任的态度，严重的甚至对自己的感觉也产生了怀疑，猜疑心理往往导致心理偏执，这种人常常敏感固执，谨小慎微，事事要求十全十美，这样不仅危害自己，也危害他人。

先讲一个故事给大家听一听，看看猜疑是多么恐怖。

赵军是一家公司的业务经理，年轻英俊潇洒，搞公关很有一套，办事能力强，公司经常派他出差，致使得他的妻子颇感心烦，生怕帅气的老公在外面被别人勾引了去，于是每逢赵军出差，妻子都要对他采取强势的防范措施。天长日久，赵军见妻子一点也不体谅自己，还怀疑自己有外遇，想到自己辛辛苦苦地在外面奔波，还不是为了这个家？不由得火冒三丈。于是两个人唇枪舌剑，大吵一番。事后两人陷入了冷战，长时间地冷眼相对，家庭的温馨荡然无存，婚姻大厦眼看岌岌可危，结果可想而知。

类似因猜疑造成的人间悲剧，可以说是举不胜举。我们可从很多历史剧中可知，自古至今从宫廷斗争到民间的小事，猜疑这个罪魁祸首，制造了多少血淋淋的事件，它给了我们个人、国家和民族带来了很大的精神折磨和财富的损失。

4. 内心的自毁倾向

心理学家指出，在每一个人的内心深处，多少都隐藏了一些自毁的倾向。这种内在情绪的冲动常常会驱使一个人做出危及自己的事情。而真正的成功者与一般人之间的一个重要区别在于：他们战胜了自己和内心的情绪，而一般人却不能。

你一定听过"自讨苦吃""自找麻烦""搬起石头砸自己的脚""自作孽，不可活"等诸如此类的话，这些描述是指一个人所犯的错误把自己逼往失败的境地。仔细想想，每个人都难免会犯以上的错误，只不过有程度严重与否的区别。无怪乎有句话说"自己才是自己最大的敌人"，因为我们总是不断地用各种方法"迫害"自己。

心理学家指出，在我们每一个人的内心深处，多少都隐藏了一些自毁倾向，这种内在情绪的冲动常常会驱使一个人做出危及自己的事情。譬如，有人整天絮絮叨叨，看什么事都不顺眼，动不动就抱怨这个抱怨那个，好像所有的人都做了对不起他的事；还有的人，生活漫无目标，整日无所事事，只会嫉妒别人的成就，自怨自艾，认为什么好运都不会落在自己的头上；还有的人嗜酒如命、沉湎于药物、好财成性、饮食不知节制、消费成癖、纵情声色等，这些都称得上是自毁行为。

人们常常把失败的原因归咎于别人，其实很多问题都出在自己身上，很多麻烦都是自找的。每个人在先天性格上都有一些缺陷，只是你不愿承认失败是出于自己的缺点。这种"不愿当输家"的防卫心理可以理解，但如果你对自己的缺点浑然不觉或者不知反省，就真会有"一败涂地"的危险。

"生命的脚本可由演出者的主观意志加以改变"，每个人天生的性格固然会影响他的行为模式，但即使你的输家"脚本"是与生俱来的，你也可以决定不再依赖这种"脚本"过日子。问题是，你是否愿意正视你的缺陷，改变你的自毁行为，不再继续自讨苦吃。

想要不再与自己为敌，并且停止迫害自己，就要找出和解的方法。当然，你要努力去改掉多年的自毁习惯。当你一点一滴慢慢铲除这些障碍的时候，你就会发现：你已经不再是自己最大的敌人，而是自己最好的朋友。

5. 战胜忧虑和恐惧

黄昏时刻，有一个人在森林中迷了路。天色渐渐暗了，眼看夜幕即将笼罩，黑暗的恐惧和危险一步步逼近。只要一步走错，就有掉入深坑或陷入泥沼的可能。还有潜伏在树丛后面饥饿的野兽，正虎视眈眈地盯着他，一场狂风暴雨般的恐怖正威胁着他，侵袭着他。万籁无声，前方对他来说是一片死寂静和孤单。

突然间，他的眼前出现了一个也在赶路的流浪汉，他不禁欢喜雀跃，上前探询走出森林的路径。这个流浪汉很友善地答应帮助他，于是他们两人一起上了路。但很快，他发现这个流浪汉和他一样迷茫。于是他失望地离开了这个迷茫的流浪汉，再一次回到自己的路线上来。不久，他又碰上了第二个陌生人，那人肯定地说他拥有一张精确的地图，于是他便跟随着这个新的向导。后来，他发现这是一个自欺欺人的人，他的地图只不过是他自我欺骗的工具而已。于是他陷入深深的绝望之中，他曾经竭力问他们有关走出森林的知识，但他们的眼神后面隐藏着忧虑和不安，他知道，他们和他一样迷茫。他漫无目的地走着，一路的惊慌和失误，使他彷徨、失落，进而恐惧。无意间，他把手插入口袋，却摸到了一张正确的地图。

他若有所悟地笑了：原来它始终就在这里，只要在自己身上寻找就行了。从前他太忙，忙着询问别人，反而忽略了最重要的事——在自己身上寻找。

如同这位迷路者，你天生具有一份内在的"地图"，指引你离开忧虑和沮丧的黑森林。这个故事告诉人们，情绪性的恐惧是多余的。假如有人告诉你不是这样，那他一定没有找到他自己。

消除恐惧的办法是始终存在的，但是我们一定得靠自己的能力去解除恐惧，不能随便听信他人，不要因为他自称知道解决的办法，就放弃自己的追寻，甚至委屈了自己。只要我们不断地追寻，甚至"绝望"本身也能够帮助我们。如保罗·泰利斯博士所言："在每个令人怀疑的深坑里，虽然感到绝望，但我们对真理追求的热情，依旧存在。不要放弃自己，而去依赖别人，纵使别人能解除你对真理的焦虑。不要因诱惑而导入一个不属于你自己的真理。"

不要把忧虑和恐惧隐藏在心中。许多人感到忧虑与不安时，总是将此深藏在心底，不肯坦白说出来。其实，这种办法是很愚蠢的。内心有忧虑烦恼，应该尽量坦白讲出来，这不但可以给自己从心理上找出一条出路，而且有助于恢复头脑的理智，把不必要的忧虑除去，同时找出消除忧虑、抵抗恐惧的方法。

不要怕困难。人遇到困难，往往是成功的先兆。只有不怕困难的人，才可以战胜忧虑和恐惧。

四、自信是成功秘诀

只有自信才能释放人的各种力量。自信的人胆大、英勇、坦诚、开朗、乐观、豁达、热情，自信的人热爱生活，容易接受自己的缺点，自信的人更具爱的能力，自信是人格的核心力量。我们的自信就在自己的体内，自信是一种天赋，是一种与生俱来的自然力量，它与自我实现同属人性最伟大的潜能。

1. 自卑是快乐生活的拦路虎

在许多人的心中，自卑仿佛是挥之不去的黑蝙蝠。它像蛀虫一样啃噬着你的人格，它是人迈向成功路上的一堵围墙，它是快乐生活的拦路虎。

大诗人李白在《将进酒》中吟道"天生我材必有用"，这是何等豪迈的气势！心理学家读到此句的时候，肯定还会再加上一句：这是何等自信！现代社会充满竞争，同时也常有机遇，尝试成了现代人相当时髦的人生信条。每当人们走向新的挑战之前，总会向挑战者或竞争者显示：天生我材必有用，这次胜利非我莫属！但是，在人生舞台上，有些人却低低哀叹：天生我材……没用。这种自卑的"自白"与自信者产生了强烈的反差：自信者相信自己的力量，竭力去做人生舞台上的主角；自卑者则认为自己没有能力，只适合当观众。自卑是个人由于某些生理缺陷或心理缺陷及其他原因而产生的轻视自己的想法，认为自己在某个方面或其他各方面不如他人的情绪体验，表现在交往活动中就是缺乏自信，想象失败的体验较多。自卑是影响交往的严重的心理障碍，它直接阻碍了一个人走向群体去与其他人交往的积极性。

自卑是人生最大的跨栏，每个人都必须成功跨越才能到达人生的巅峰。

当你还是孩童的时候，自卑这个神秘的怪物就开始跟随着你，一步一步地侵蚀你的勇气和信心。具体说来，你会忧虑同伴看不起你，存心隔离你、孤立你；当你读书的时候，你会怀疑自己的能力，总觉得自己的能力逊人一筹，虽经不懈努力，成绩还是不能拔尖，于是你就自暴自弃，放任自流，你开始害怕见到老师，在同学面前抬不起头，渐渐地你变得孤僻、不合群；当你步入社会时，你会无端猜测别人对你不怀好意，埋怨领导对你不器重，缺乏社交勇气，见到陌生人就脸红、心跳、惶惶不安，以致回避社交，不敢见人；当你出来工作的时候，你会觉得处处有压力，样样不顺心，面对困难你会无从下手，无所适从；当你恋爱时，你会过分关注你自己的表现，你会很在乎对方对你的评价，你会怀疑自己的魅力，担心被对方抛弃，害怕错过你所爱的人；等到你步入婚姻的殿堂，你又会莫名其妙地怀疑起自己的家庭生活能力和生育能力。

自卑常常在不经意间闯进我们的内心世界，控制着我们的生活。当我们有所决定、有所取舍的时候，自卑向我们勒索着勇气与胆略；当我们碰到困难的时候，自卑会站在我们的背后大声地吓唬我们；当我们要大踏步向前迈进的时候，自卑会拉住我们的衣袖，叫我们小心地雷。自卑会让你面对一次偶然的挫败就垂头丧气，一蹶不振，将自己的一切否定，你会觉得自己一无是处，窝囊至极，甚至会掉进自责自罪的旋涡。自卑就像蛀虫一样啃噬着你的人格，它是你走向成功的绊脚石。

2. 自信能释放力量

克服自卑的最好方法是建立自信！因为只有自信才能释放人的各种力量。自信的人胆大，自信的人英勇，自信的人坦诚，自信的人开朗，自信的人乐观，自信的人豁达，自信的人热情，自信的人热爱生活，自信的人容易接受自己的缺点，自信的人较客观，自信的人对自己较负责，自信的人较易接受现实，自信的人更富同情心，自信的人更具爱的能力，自信的人人际关系更深刻，自信的人更民主。

自信是人格的核心力量。我们要从哪里找自信呢？其实，我们不用像唐僧到西天取经一样历经无数的劫难，我们的自信就在自己的体内。自信是一种天赋，是一种与生俱来的自然力量，它与自我实现同属人性最伟大的潜能。

其实，在人生的舞台上，每一个人都是自己的主角。在现实生活中放弃自己的权利，让别人的意志来决定自己生活的人实在不少。失去了自我，也就失去了自我追求和信仰，也就失去了自由，那自卑就会随时来压迫你，迫使你归入生活的阴暗里面去，最后变成一个毫无价值的人。可见失去自信是人生重大的损失。

有一个故事，说的是一位画家把自己的一幅佳作送到画廊里展出，他别出心裁地在画旁放了支笔，并附言："观赏者如果认为有欠佳之处，请在画上做记号。"结果画面上标满了记号，几乎没有一处不被指责。过了几日，这位画家又画了一张同样的画拿去展出，不过这次附言与上次不同，他请每位观赏者将他们最为欣赏的妙笔都标上记号。当他再取回画时，看到画面又被涂满了记号，原先被指责的地方，都换上了赞美的标记。

这位画家不受他人的操纵，充满自信。正像林润翰先生所言，他"自信而不自满，善听意见却不被其所左右，执着却不偏执"。

上面这个故事里的主人公，因为用正确的观点评价别人和看待自己，所以在任何情况下，都不会迷失，都会有完全的自信，永不会受他人操纵。

3.悲观挡住了阳光

悲观态度或乐观态度，是人类典型的也是最基本的两种倾向。乐观者自信，悲观者自卑。

悲观者和乐观者在面对同一个事物和同一个问题时，会有不同的看法。下面是两个见解不同的人在争论三个问题：

第一个问题——希望是什么？

悲观者说：是地平线，就算看得到，也永远走不到。

乐观者说：是启明星，能告诉我们曙光就在前头。

第二个问题——风是什么？

悲观者说：是浪的帮凶，能把你埋葬在大海深处。

乐观者说：是帆的伙伴，能把你送到胜利的彼岸。

第三个问题——生命是不是花？

悲观者说：是又怎样，开败了也就没了！

乐观者说：是花，即使花谢，它能留下甘甜的果。

突然，天上传来了上帝的声音，也问了三个问题：

第一个——一直向前走，会怎样？

悲观者说：会碰到坑坑洼洼。乐观者说：会看到柳暗花明。

第二个——春雨好不好？

悲观者说：不好！野草会因此长得更疯！乐观者说：好，百花会因此开得更艳！

第三个——如果给你一片荒山，你会怎样？

悲观者说：修一座坟墓！乐观者反驳：不！种满山绿树！

于是上帝给了他们两样不同的礼物：给了乐观者成功，给了悲观者失败。

同样是人，但不同的人有截然不同的人生态度。不同的人生态度会造就截然不同的人生风景；同样是人，但不同的人会因截然不同的世界观，导致截然不同的人生结局。

美国医生做过这样一个实验：让患者服用安慰剂。安慰剂呈粉状，是用水和糖加上某种色素配制的。当患者相信药力，就是说，当他们对安慰剂的效力持乐观态度时，治疗效果就显著。如果医生自己也确信这个处方，疗效就更为显著了。这一点已通过实验得到了证实。悲观态度由精神引起而又会影响到组织器官，有一个意外的事故证明了这一点。一位铁路工人意外地被锁在一个冷冻车厢里，他清楚地意识到如果出不去，就会冻死。不到 20 个小时，冷冻车厢被打开，他已经死了，医生证实是冻死的。可是，人们仔细检查了车厢后发现，冷气开关并没有打开，但那位工人确实死了，因为他确信，在冷冻的情况下是不能活命的。所以，在极端的情况下，极度悲观会导致死亡。一位乐观主义者总是假设自己是成功的，就是说，他在行动之前，已经有了 85% 的成功把握。而悲观主义者在行动之前，已经认定自己是无可挽救了。

4. 乐观是成功之源

困难并不可怕，只要你决定调整自己的心态，一切困难都可以克服。越担惊受怕，就越遭灾祸。因此，一定要懂得积极态度所带来的力量，要相信希望和乐观能引导你走向胜利。

即使处境危难，也要寻找积极因素。这样，你就不会放弃努力。你越乐观，克服困难的勇气就越会倍增。以幽默的态度来接受现实中的失败。有幽默感的人，才有能力轻松地克服厄运，排除随之而来的倒霉念头。

既不要被逆境困扰，也不要幻想奇迹，要脚踏实地，坚持不懈，全力以赴去争取。不管多么严峻的形势向你逼来，你都要努力去发现有利的因素。不久的将来，你就会发现自己到处都有一些小的成功，你的自信心自然也就增长了。

不要把悲观作为保护你失望情绪的缓冲器。乐观是希望之花，能赐予你力量。失败时，你要想到你曾经多次获得过成功，这才是值得庆幸的。

在闲暇时，你要努力接近乐观的人，观察他们的行为。通过观察，乐观的火种会慢慢地在你内心点燃。

要知道，悲观不是天生的。就像人类的其他态度一样，悲观不但可以减轻，而且通过努力还能转变成一种新的态度——乐观。如果乐观使你成功地克服了困难，那么你就应该相信这样的结论：乐观是成功之源。

五、别跟自己过不去

别跟往事过不去，因为它已经过去，别跟自己过不去，因为一切都会过去。一生很短，别跟自己过不去，开心才重要，不要让自己活得太束缚，要活出一个豁达开朗的自己。

1. 原谅自己，不要自责

在过错和失意的纠缠中折磨自己，是很多人常用的做法。他们不懂得生命的可贵和心灵的释然，内心经受了过多的蒙蔽，早已落满尘埃，失去了灵气与生机。

如果仔细观察周围，你就会发现，在宁静的生活中，大多数人都是亲切的、富有爱心的、充满宽容的。如果你犯了错，而且真诚地请求他人的宽恕，绝大多数人不仅会原谅你，还会把这事儿忘得一干二净，再次面对他们时，你就一点儿愧疚感也没有。

这种亲切的态度对所有人都一样，没有人种、地域、民族的分别，但就只对一个人例外。谁？没错，那就是我们自己。

可能你会怀疑："人类不都是自私的吗？怎么可能严于律己，

宽以待人？"是的，人总是会很容易原谅自己，不过，这只是表面上的饶恕而已，在深层的思维里，我们一定会反复地自责："为什么我会那么笨？当时要是细心一点儿就好了。"或是："我真该死，这样的错怎么就让它发生了呢？"

请你想想自己有没有犯过严重的错误，如果想得出来的话，那你一定仍在耿耿于怀，并没真正忘了它。表面上你原谅了自己，实际上你将自责收进了潜意识里。我们可以对他人这么宽大，难道自己就没有资格获得这种仁慈的待遇吗？

没错，我们是犯了错。要知道，人生在世，谁能无过？犯错表示我们是平常之人，不代表就该承受地狱般的折磨。我们唯一能做的就是正视这种错误的存在，在错误中学习，在错误中成长，以确保未来不会发生同样的憾事。接下来就应该让自己获得绝对的宽恕，然后把它忘了，继续前行。

我们每一个人，一生中犯的错误是很多的，如果对每一件事都深深地自责的话，一辈子就会背着一大箩筐的罪恶感活着，试想你还能奢望自己走多远？对任何人而言，这都不是一件愉快的事情。一个人在受到打击的时候，难免会格外消沉。在那一段灰色的日子里，你会觉得自己就像拳击场上失败的选手，被那重重的一拳击倒在地上，头昏眼花，满耳都是观众的嘲笑，满心都是惨败的失落感。那时，你会觉得已经没有力气爬起来了！可是，你会爬起来的。不管是在裁判数到 10 之前，还是之后。而且，你还会慢慢恢复体力，平复创伤，你的眼睛会再度张开，看见光明的前途。你会忘掉观众的嘲笑和失败的耻辱，你会为自己找一条合适的路，不要再去做挨拳头的选手。

2. 给自己一个好的改变

每一个人现在所处的境况，都是他自己以往生活态度造成的。所以，若想改变未来的生活，使之更加顺利，必得先改变你此刻的

205

想法，倘若坚持错误的观念，固执不愿改变，即使再努力，恐怕也体会不到成功带来的喜悦。

下面这个故事，或许对你有所启示。

动物园里新来了一只袋鼠，管理员将它关在一片有着1米高围栏的草地上。

第二天一早，管理员发现袋鼠在围栏外的树丛里蹦蹦跳跳，立刻将围栏的高度加到2米，把袋鼠关了进去。第三天早上，管理员还是看到袋鼠在栏外，于是又将围栏的高度加到3米，又把袋鼠关了进去。隔壁兽栏的长颈鹿问袋鼠："依你看，这围栏到底要加到多高，才能关得住你？"袋鼠回答道："很难说，也许5米高，也许10米，甚至可能加到100米高——如果那个管理员老是忘了把围栏的门锁上的话。"

在过往的岁月中，相信你一定非常努力地追求过很多东西，比如财富、名望、爱情、尊严……你得到了吗？得到之后，幸福与快乐是否也随之而来？而你是否真的快乐？

问题可能在于我们的出发点是否正确。大多数人都认为："先让我得到，然后再为快乐操心。"而当他们耗尽心血，使尽手段，终于爬到成功顶峰时，环顾周围，却蓦然发现，自己的家人、朋友、同事竟已被踏在底下，而自己是如此的孤独与不快乐。

或许这时你不禁要问："我哪里做错了，怎会如此？"而一些从未成功过的朋友，也一直都喜欢问同样的问题。故事中袋鼠的回答应是最好的答案，如果不将栅门锁好，围栏加得再高也是枉然。

3. 珍视自我，不用羡慕别人

有些人总是羡慕别人手中的牌好，但别人的牌再好都是他们掌握的，你能出的只是你手里的牌。与其羡慕别人的牌，不如想想怎样打好自己手中的牌。

对于我们每个人自身来说，在珍视自我与羡慕别人之间也在不断地斗争、较量。我们知道要爱惜自己，但总是会对别人的生活羡慕不已，例如：看到别人有车有房，你就自惭形秽；看到别人有一份收入不菲的好工作，你的心里也极不平衡；看到别人工作清闲，经常外出休假，你就异常羡慕……或多或少，人们都会有这样的想法。其实，每个人有每个人的活法，每个人有每个人的世界，你不用羡慕别人的生活。有车有房的人，也许正在为还银行贷款而发愁；收入不菲的人，可能他活得特别累；外出休假的人，可能是为了躲避债务……你羡慕他，可能他们同时也在羡慕你，人生就是这样。珍惜你现在的生活才是最重要的。

有两只老虎，一只生活在笼子里，一只生活在野地里。在笼子里的老虎三餐无忧，在外面的老虎自由自在。两只老虎经常进行亲切地交谈。笼子里的老虎总是羡慕外面的老虎自由，外面的老虎却羡慕笼子里的老虎安逸。一日，一只老虎对另一只老虎说："咱们换一换。"另一只老虎同意了。于是，笼子里的老虎走进了大自然，外面的老虎走进了笼子。从笼子里走出来的老虎十分高兴，在旷野里拼命地奔跑；走进笼子的老虎也十分快乐，因为它再也不用为食物发愁了。

但不久，两只老虎竟都死了，一只是饥饿而死，一只是忧郁而死。从笼子中走出来的老虎获得了自由，却没有捕食的本领；走进笼子的老虎获得了安逸，却没有在狭小空间生活的心境。

如果你正在羡慕别人的生活，不如好好体味一下上面这个故事。

合适的才是最好的。许多时候，人们往往对自己拥有的幸福熟视无睹，而觉得别人的幸福却很耀眼。仔细想想，也许别人的幸福对自己不适合，别人的幸福也许正是自己的坟墓。这个世界多姿多彩，每个人都有属于自己的生活方式，何必去羡慕别人？安心享受自己的生活和幸福才是快乐之道。你不可能什么都得到，什么都适合去做。珍惜自己手中的牌，好好经营自己，才能拥有一个最真实、最圆满的人生。有人说过："人生若要不留下许多空白，唯一的办法是珍惜曾经拥有的，追求你所没有的。"

人的一生中值得珍惜的东西有很多，最重要的不外三点，那就是时间、机会和珍视自我。

人们常说，年轻人都是富有的。那是因为他们拥有这个世界上最宝贵的财富——时间。时间就是生命，但我们却常常用有限的时间去羡慕别人，而不是珍视自己，那岂不是本末倒置？西方有一位哲学家说，在许多事情上，我们应少用心去创造机会，应该更好地抓住现有的机会。与其羡慕别人，还不如好好抓住机会，让别人羡慕自己。羡慕别人是因为自己的缺少或者失去。但是失去了一次并不意味着永远失去，只要有机会就得牢牢地抓住，才能使我们不至于掉入总是羡慕别人的深渊。

当我们花费大量的时间羡慕别人，并为此而感到自卑的时候，别人或许花了更多的时间做了一些值得做的事情。所以，不如将羡慕人的时间花在努力赶超别人上。其实，每个人都有优点。你只是看到了别人最光彩的一面，拿自己不出色的一面与别人最出色的一面进行比较，当然会失落。人有时候总是不能公平地看待自己，有人高看了自己，而不少人则高看了别人。

人没有必要羡慕别人，而应该将时间花在珍视自我上，看到自身的优势，充满自信地去应对生活，努力为自己的前途奋斗。

人生就像打牌一样，很多人总是羡慕别人手中的牌，而对自己手中的牌从来都不认真对待。其实，即使你非常羡慕别人，又有什么用呢？最后你还是得老老实实地打你自己的牌。

4. 你就是自己最大的"王牌"

很少有人会天生得到一副好牌。如果不幸摊上一副糟到不能再糟的坏牌，我们也要尽可能找出一两张还算不赖的牌，用它作为王牌，使结局变得相对好一点儿。

每个人手里其实都有自己的"王牌"，那便是潜能，这张牌就是每个人翻身的机会。

有这样两个故事：

故事一：马祖大师问慧海说："你风尘仆仆从哪里来？"

"从越州大云寺来。"慧海回答。

"来这里干什么？"

"来求佛法。"

马祖大师哈哈大笑，说："我这里什么也没有。"

见慧海一时愣着不说话，于是马祖大师说："我是说你自有宝藏，干吗还来我这里觅宝？"

"什么是我的宝藏？"慧海莫名其妙。

"佛就在你身上，一切俱足，更无欠少，你都不知道，让我怎么给你？"马祖大师摇头说道。

故事二：有个农夫拥有一块土地，生活过得很不错。但是，不久他听说，只要有一块钻石就可以很富有。于是，农夫把自己的地卖了，离家出走，四处寻找可以发现钻石的地方。农夫来到遥远的异国他乡，然而却未能发现钻石。最后，他囊空如洗。一天晚上，他在一个海滩自杀了。

真是无巧不成书！那个买下农夫土地的人在地边散步时，无意中发现了一块异样的石头，他拾起来一看，只见它闪闪发光，反射出光芒。那人仔细察看，发现这是一块钻石。这样，就在农夫卖掉的这块土地上，新主人发现了从未被人发现的巨大的钻石宝藏。

这两个故事是发人深省的，它告诉我们：财富属于那些懂得去挖掘的人，只属于相信自己能力的人。这两个故事还告诉了我们：每个人身上都拥有"钻石宝藏"！你身上的"钻石宝藏"就是你的王牌，它们就是你的潜能。你身上的这些"钻石"足以使你的理想变成现实。你必须做的只是找到你的王牌，为实现自己的理想付出辛劳。只要你不懈地运用自己的潜能，你就能够做好你想做的一切，从而成为自己生活的主宰。

在现实生活中，有的人常常感到实际中的"我"离理想中的"我"太遥远了。他们一方面在为自己设想一条成功之路，另一方面又悲叹自己无力去实现。卡耐基说："人人都是一座金矿，每一个人都有自身的潜能。"为什么有的人在自己平凡的工作中能干出不平凡的业绩，而有的人终生都一事无成呢？问题不在于一个人的天赋有多高，正如不在于你的手里有多少好牌一样，而在于你常常看不清自己，难以认清自己所拥有的一切。不深入挖掘自身的潜能，就找不到属于自己的那张最大的王牌。

不管环境怎样差，条件多么有限，都没有什么问题，因为在每个人的身体里面，都潜藏着巨大的力量。这些力量，只要你能够发现并加以利用，便可以帮你成就你所向往的一切，甚至能让你做出种种神奇的事情来。比如，当有人遇到某种意外事件或灾祸时，一般人都会奋不顾身地去救他。实际上，每个人都具有潜在的英雄品格，而意外事件和灾祸不过是催化剂，使人有了显露这种品格的机会，所以，我们常常看到一个人在灾难临头时会做出惊人的事情。

卡耐基说："人体内存在着巨大的内在力量，所以人人都能做成不朽的事业。"而一切真实、友爱、公道与正义，也都存在于这内在的力量中。这种力量一旦被唤醒，即便在最卑微的生命中，也能像酵母一样，对身心起发酵、净化的作用，使人增加力量。

　　所以我们说，每个人手里都有一张王牌，这张牌决定着你的牌运和未来，只要你能发现自己的潜能，就等于找到了自己的王牌，找到了决胜千里的底气和实力。

5. 不炒自己鱿鱼，保留赢牌的机会

　　打牌的时候，如果我们遇到一次又一次的挫败，沮丧之情肯定会油然而生，不过越是这个时候越不能放弃，只要你不放弃赢牌的机会，赢牌的机会也不会放弃你。

　　很多人在生活、事业中屡屡受挫，经过多次打击后，逐渐丧失信心，变得自暴自弃，在成功的机会到来之前，就提前把自己给淘汰了。事实上，成功路上没有人去限制你，除了你自己，而我们常常会在别人没有炒自己鱿鱼的时候，自己把自己给炒了。人生的机遇有千千万，能把握住机遇的人才能够在人生的道路上越走越远。

　　　美国前总统罗纳德·里根曾讲述过这样一段亲身经历：每当失意时，他的母亲就这样说："最好的总会到来。如果你坚持下去，总有一天你会交上好运。并且你会认识到，要是没有从前的失望，那是不会发生的。"

　　　里根于1932年大学毕业找工作时，他也明白了这个道理。当时里根计划在电台找份工作，然后再设法去当一名体育播音员。于是，里根就搭便车去了芝加哥，敲了每一家电台的门，但每次都碰一鼻子灰。在一间播音室里，一位很和气的女士告诉他，大电台是不会冒险雇用一名毫无经验的新手的，并且劝告里根去试着找一家小电台，那里可能会有机会。

　　　里根又搭便车回到了伊利诺伊州的迪克逊，虽然迪克

逊没有电台，但里根的父亲说，蒙哥马利·沃德公司开了一家商店，需要一名当地的运动员去经营它的体育专柜。由于里根在迪克逊中学打过橄榄球，于是就提出了申请。那工作听起来正合适，却仍然未能如愿。里根非常失望，母亲提醒他说："最好的总会到来。"父亲借车给他，于是里根驾车来到了特莱城。

里根试了试艾奥瓦州达文波特的 WOC 电台。节目部主任是位很不错的苏格兰人，名叫彼得·麦克阿瑟。他告诉里根说他已经雇用了一名播音员。当里根离开他的办公室时，受挫的郁闷心情一下子发作了，里根大声地说道："要是不能在电台工作，又怎么能当上一名体育播音员呢？"说完后，里根突然听到了麦克阿瑟的叫声："你刚才说体育什么来着？你懂橄榄球吗？"接着他让里根站在一架麦克风前，叫里根凭想象播了一场比赛。结果，里根被录用了。

里根正是因为有着这种坚持不懈的精神，相信总有一天会成功，他牢牢地抓住身边的每一次机会，才会最终让机会抓住了他。事实上每个人都有这样那样的机会，只是有的人抓住了机会，有的人没有耐性，放弃了机会。

历史上许多伟大的成功者，都是靠持久心而有所成就的，他们都在默默地等待着机会的来临。发明家在埋头研究的时候是何等的艰苦，一旦成功，又是何等的愉快。世界上一切伟大的事业，都在坚忍勇毅者的掌握之中，当别人开始放弃无法再做时，他们却仍然坚定地在做。他们紧紧地抓住机会，努力展现自我，最终，机会也不会辜负他们。

很多人之所以放弃，不是他们追求不到成功，而是因为他们在心里默认了一个"心理高度"。这个高度常常暗示他们：我是不可能做到的，这个是没有办法做到的。于是，他们一次次地降低自己的标准，将本可抓住的成功机会拱手相让。其实，很多困难远没有你想象的那样恐怖，更不是牢不可破的。只要你摒弃固有的想法，尝试着重新开始，你就能摆脱以前的忧虑和消极心理，将机会牢牢地把握在自己的手中。

所以，我们应当及时摆脱自身"心理高度"的限制，打开制约成功的"盖子"，那么我们的发展空间和成功概率将会大大增加。现实中，一些有实力的职业者在职业发展过程中，特别是求职时，由于受到"心理高度"的限制，常常对一些比较好的工作机会望而却步，结果痛失良机，甚至导致经常性的职场挫败感。

"心理高度"决定着我们的人生高度，一个人若想跳出人生困局，有所作为，就要拨开心理阴霾，不能因为过去的挫败或眼前的困境而降低自己的人生标准，为自己的人生过早地盖上"盖子"。

面对人生各种境遇，要相信一切总会好的。抓住身边的每次机会，说不准哪一次不经意的尝试，就会成为你人生的转折。只要你不放弃机会，机会也就会随时等着你的到来！

6."晒晒"自己的优点

每个人都有手握烂牌的时候，都会遇到牌局中的逆境，此时，自暴自弃是赢牌的大敌。而能够看到自身优势，自己给自己掌声的人才有可能创造奇迹。

很多人对自己的评价往往是这样的："我不行，我没有××的才干，我没有××貌美，我没有××有人缘，我是这几个人中最差的一个，我⋯⋯"总之一堆消极的评价，这样的评价看起来是随口说说，实际上会对一个人的发展产生巨大的影响。

一个对自己具有消极评价的人在生活中做事情时总会缩手缩脚，不敢放开手去做，所以自身的能力总得不到最大化的发挥。可想而知，一个发挥不出自己能力的人和一个将自己的能力得到极大发挥的人相比较，孰强孰弱，一目了然。

有时候即使有好的机会来临，对自己评价消极的人也会让机会白白溜走，因为他对自己没有信心，所以就不敢去抓住机会。人实际上应当多给自己一些积极的评价，这样会更有助于自己的成长。人应当适时"晒晒"自己的优点。

一个喜欢棒球的小男孩生日时得到一根新的球棒。他激动万分地冲出屋子，大喊道："我是世界上最好的棒球手！"他把球高高地扔向天空，举棒击球，结果没中。他毫不犹豫地第二次拿起了球，挑战似的喊道："我是世界上最好的棒球手！"这次他打得更带劲，但又没击中，反而跌了一跤，擦破了皮。男孩第三次站了起来，再次击球。这一次准头更差，连球也丢了。他望了望球棒，说："嘿，你知道吗，我是世界上最伟大的击球手！"后来，这个男孩果然成了棒球史上罕见的神击手。

是自我激励给了他力量，是自我激励成就了小男孩的梦想。也许有一天，我们也能像那个小男孩一样登上成功的顶峰，那时再回首，我们会看见自己在通往成功的道路上奋斗的身影。

每个人都需要给自己一个积极的评价，特别是当你身处逆境的时候，赞美自己可以使你更加自信。尼采说："每个人距自己是最远的。"这句话的意思是说，人类最不了解的是自己，最容易疏忽的也是自己。

有人说，演员必须有人赞美，如果好长时间没人赞美，他就应该自己赞美自己，这样才能使自己经常保持演出激情。员工需要老板的褒奖，学生需要老师的表扬，孩子需要父母的肯定，都是一个道理。人们的心灵是脆弱的，需要经常得到激励与抚慰，常常自我激励、自我表扬，会使自己的心灵快乐无比，时常保持自信的感觉。

一个人只有时刻保持自信和快乐的感觉，才会在不顺心的生活中更加热爱生命，热爱生活。只有快乐、愉悦的心情，才能激发人的创造力和人生动力；只有不断给自己创造快乐，才能远离痛苦与烦恼，才能拥有快乐的人生。

自我赞美，会成为创造奇迹的动力。当年拿破仑在奥辛威茨不得不面临与数倍于自己的强敌决战时，拿破仑对即将投入战斗的将士们说："我的兄弟们，请你们记住，我们法兰西的战士，是世界上最优秀的战士，是永远都不可战胜的英雄！当你们冲向敌人的时候，我希望你们能高喊着'我是最优秀的战士，我是不可战胜的英雄'！"战斗中，法国将士高喊着"我是最优秀的战士，我是不可战胜的英雄"的口号，以一当十，大败奥、俄等国的联军。

给自己一个积极的评价，适时地赞美自己，你可以从中获得不可战胜的力量；可以用自己自信的阳光融化心中的胆怯和懦弱；可以唤醒自己生命里沉睡的智慧和能力，从而推动事业的发展。赞美自己，你的灵魂从此将不再迷失在绝望的黑暗里……

人生是场牌局，当你手拿一副烂牌时，自暴自弃肯定会让你成为最后的输家。如果你能换一种眼光去看，找到这副牌的最佳出牌方法，自己给自己鼓励，你就可能成为最后的王者。

对于每个人、每个企业来说，渴望得到别人的赞美不容易，此时要懂得自己赞美自己，赞美会让自己自信，会催促自己奋进！

六、执行不要找借口

"夜半想想千条路，清晨起来继续走原路"，我们每天都有很多的想法。摆在我们眼前的有数不尽的路,正所谓是,条条大路通罗马。试问,有几人真正到了罗马？记住,当我们下决定时,只问自己这件事情该不该做,不用问难不难,如果该做,你就勇敢地去把它承担下来。所以,在遇到事情时,你与其想方设法找借口,不如集中精力找出口,成功属于那些不找借口的人。

1. 别患上"借口症"

生活中，因各种借口造成的消极心态，就像瘟疫一样毒害着我们的灵魂，并且互相感染和影响，极大地阻碍着人们正常潜能的发挥，使许多人未老先衰，丧失斗志，消极处世。然而，正像任何传染病都可以治疗一样，"借口症"这个心理病也是可以克服的。办法之一就是用事实将借口一一驳倒，使它没有理由在我们心中立足。看看下面几个常见的借口是多么的荒谬。

（1）年龄借口。两个儿时的玩伴，十几年后聚在一起，大家都大为感慨，于是亲切地聊起来。然而，令人吃惊的是，两人竟都说自己已经"老"了。"现在只是为了孩子赚钱，还有十几年就要退休养老了，没有其他想法了。"

老天，才三十五六岁！怎么就等待退休养老了呢？怪不得我们这个社会有那么多失败者，他们不努力去追求成功，却随意找借口，迎接和等待人生的失败？！

按说这两位玩伴现在都具有很好的条件去设立某个目标，努力攀登。遗憾的是，他们竟然放弃了一切追求，年龄的借口和其他的交谈都显露了他们消极失败的心态。三十五六岁就说"老"了。事实恰恰相反，三十五六岁是人生最有作为、精力最旺盛的时候。因为这个时候，人们因吸收广泛的生活养料而比较成熟，更容易认识和把握自己。

许多成功者，都是在 30 ～ 60 岁的年龄阶段达到自己事业的顶峰的。北京天安制药集团总裁吕克键，49 岁才开始辞职创业；山东乳山百万富翁养蚶专家辛启泰，50 岁才从海边滩涂上寻找到成功之路；四川"蚊帐大王"杨百万 66 岁才从摆小摊开始做生意……

拿破仑·希尔对 2500 人进行分析，发现很少有人在 40 岁以前取得事业上的成功：美国著名的汽车大王福特，40 岁还没有迈出成功的重要步伐；美国钢铁大王安德鲁·卡耐基取得巨大成功之时，已过 40 岁。希尔出版第一本成功学著作时已是 45 岁，之后他为事业成功还奋斗了 42 年，当他 80 岁的时候还在出书。年龄，绝不能成为不成功的借口。

（2）工作中的借口。我们经常会听到这样或那样的借口。借口在我们的耳畔窃窃私语，告诉我们不能做某事或做不好某事的理由，它们好像是"理智的声音""合情合理的解释"冠冕而堂皇。上班迟到了，会有"路上堵车""手表停了""今天家里事太多"等借口；业务拓展不开，工作无业绩，会有"制度不行""政策不好"或"我已经尽力了"等借口。事情做砸了有借口，任务没完成有借口。只要有心去找，借口无处不在。借口就是一块敷衍别人、原谅自己的"挡箭牌"，就是一个掩饰弱点、推卸责任的"万能器"。有多少人把宝贵的时间和精力放在了如何寻找一个合适的借口上，而忘记了自己的职责。

寻找借口，就是把属于自己的过失掩饰掉，把应该自己承担的责任转嫁出去。这样的人，在企业中不会成为称职的员工，在社会上也不是大家可信赖和尊重的人。这样的人注定只能是一事无成的失败者。

（3）受教育和文凭的借口。"我没有受过良好的教育""我没有文凭"，这是不少人常用的借口。事实上，学习知识的途径多种多样，学校教育、文凭教育，仅仅是千万条求知途径中的一种。要知道从学校的书本上学东西有很大的局限性，真正的教育来自社会大学和自学。我们看看那些成功人士的受教育与文凭情况："椰树集团"董事长王光兴，初中文凭；"果喜集团"总裁张果喜，小学文凭；治秃专家赵章光，高中文凭；美国钢铁大王安德鲁·卡耐基 13 岁开始工作，几乎没接受什么正规教育；美国石油大王洛克菲勒，高中辍学；日本松下幸之助上到小学四年级就辍学了；香港富商李嘉诚，初中辍学……这些成功者的知识与能力全靠自学而来。

受到良好的学校教育，当然对成功有帮助，没有受到学校教育、没有文凭的人，只要愿意，自学永远不晚。

（4）资金借口。"我没有资金，所以我不能成功……"事实是，有资金可以帮助我们成功，但没有资金，只要想办法同样可以创业赚钱，同样可以成功。其实，资金来源途径很多：积少成多地积累，大雪球是由小雪球滚成的；向亲朋好友借钱集资；寻找一个能生财的门路；抓住机会找银行贷款；或找有钱单位和个人合伙；集资入股……许多做大生意的人都不是靠个人的资金，而是充分利用了银行、信用社以及社会闲散资金。

失败者大都喜欢找借口，成功者却大都拒绝找借口，向一切可以作为借口的原因或困难挑战。富兰克林·罗斯福因患小儿麻痹症而下身瘫痪，他是最有资格找借口的。可是他以信心、勇气和顽强的意志向一切困难挑战，居然冲破美国传统思想束缚，连任四届美国总统。他以病残之躯，在美国历史上，也在人类历史上写下了光辉灿烂的成功篇章。

此外，还有"运气"借口，"健康"借口、"出身"借口、"人际关系"借口等，希尔在他的《思考致富》里将一位个性分析专家编的借口表列出来，竟然有 50 个之多。希尔说："找借口解释失败是全人类的惯常做法。这种做法同人类历史一样源远流长，且对成功有着致命的破坏力。"

2. 看看 50 个著名托词，你有没有?

制造托词来解释失败，这是人们惯常的做法。这种习惯与人类的历史同样古老，这是成功的致命伤！为何人们不放弃他们喜爱的托词？答案是明显的。人们之所以会保护他们的托词，是因为托词是他们制造的！

不成功的人有一种共同的性格特征，他们知道失败的原因，并且有一套托词。少数托词由事实证明是有道理的，但是托词不能当作放弃的理由！人们只乐于知道结果：你成功了没有？

一个性格分析家编了一份常用的托词单子，你在读这份单子时，请细心检讨自己，从而判定这些托词中有多少是你自己常用的。一旦知道了自己的虚伪与无能，你就必须毫不犹豫地抛弃它们，从而更加肯定自己的能力，向成功发起冲刺。

假如我年轻些……

假如我可以做自己想做的事……

假如我生来富有……

假如我能碰到"贵人"……

假如我具有别人的才能……

假如我没有家累……

假如我有足够的势力……

假如我有钱……

假如我受过良好教育……

假如我找得到工作……

假如我身体健康……

假如我有时间……

假如我生能逢时……

假如人家了解我……

假如周遭情况不同……

假如能重活一遍……

假如我不在乎他们说的话……

假如过去让我有机会……

假如我现在有机会……

假如他人没有"记恨我"……

假如没有任何事阻碍我……

假如我没有这么多烦恼……

假如我嫁（娶）对人……

假如人们不这么笨……

假如我的家人不这么奢侈……

假如我对自己有信心……

假如我不是时运不济……

假如我不是生来命运不佳……

假如"该是什么就会是什么"是不正确的……

假如我不用这么辛苦工作……

假如我没有损失我的财产……

假如我敢维护自己的权利……

假如我曾把握机会……

假如没有人刺激我……

假如我不用料理家务和照顾孩子……

假如我可以存点儿钱……

假如老板赏识我……

假如有人能帮助我……

假如我的家人了解我……

假如我住在大都市……

假如我能早一步……

假如我有空……

假如我有他人的个性……

假如我不这么胖……

假如人家知道我的才能……

假如我能有个"机会"……

假如我能偿清债务……

假如我没有失败……

假如我知道该怎么做……

假如没有人反对我……

朋友，你还要说什么呢？所有这些都只能证明你是弱者！还不行动，更待何时？如果人有勇气正视自我，看清自我，则完全可以发现错误，并加以改正。

3. 不找借口找原因、找方法

当你面对失败时，不要寻找借口，而应找出失败的原因。一个人做事不可能一辈子一帆风顺，就算没有大失败，也会有小挫折。而每个人面对失败的态度也都不一样，有些人不把失败当一回事，他们认为"胜败乃兵家之常事"。也有人拼命为自己的失败找借口，告诉自己，也告诉别人：他的失败是因为别人扯了后腿、家人不帮忙，或是身体不好、运气不佳等。在现实生活中，不把失败当一回事的人实在不多，而这种人也不一定会成功，因为如果他不能从失败中吸取教训，就算有过人的意志也没用。但不敢面对失败，总是为失败寻找借口，绝对不可能获得成功。

为自己的失败寻找借口的人一般都不承认自己的能力有问题，固然有很多失败是来自客观因素，是无法避免的，但大部分失败却都是由主观原因造成的。

面对失败是件痛苦的事，就如同自己拿着刀割伤自己一样，但不这样做又能如何？人要追求成功就必须找出失败的原因来，以便对症下药。

要找出失败的原因并不容易，因为人常会下意识地逃避，因此应双管齐下，自己检讨，也请别人批评。自己检讨是主观的，有正确的，也有不正确的；别人批评是客观的，当然也有正确的和不正确的，两者相比较，便能找出失败的真正原因了，这些原因一定和你的个性、智慧、能力有关。你应该好好分析这些问题，诚实地面对，并自我修正。如果能这么做，那你就不会再犯同样的错误，并且成功得比较快。如果一碰上失败就找借口，那你失败的机会很可能会多于成功的机会，因为你并未从根本上解决"病因"，当然也就要时常发病了！

4. 莫让找托词成习惯

制造借口是人类的习惯，这种习惯是难以打破的。柏拉图说过：

"征服自己是最大的胜利，被自己所征服是最大的耻辱和邪恶。"

另一位哲学家也有相同的看法，他说："当我发现别人最丑陋的一面正是我自己本性的反映时，我大为惊讶。"艾乐勃·赫巴德说："为何人们用这么多的时间制造借口以掩饰他们的弱点，并且故意愚弄自己？如果用在正确的用途上，这些时间足以破此弱点，那时便不需要借口了。"以往你也许有一种合理的借口，不去追求你的理想，但是这一借口现在应该抛弃了，因为你已经有了开启人生财富之门的万能钥匙。

这把万能钥匙是无形的，却是强大有力的！对你而言，它是所有欲望的金杖。使用这把钥匙，不会受到处罚；但是如果你不使用它，则必须付出代价。这个代价就是失败。如果你使用这把钥匙，将会获得极大的报酬。

这种报酬是值得你全力以赴的。你愿意从此开始，对吧？相信你自己！你一定会成功的！

5.财富不和借口在一起

人在致富问题上总是哀叹："我天生没有什么野心，不是发财的料。"这是一种典型的借口。"王侯将相宁有种乎？"没有人天生注定要发大财，但人人都可以做发财梦，激发发财的野心。要知道，许多成功者之所以成功，是从形成发财的"野心"开始的。

在现今的经济社会生活中，每个人都想发财，每个人都有一个发财的美梦。但是，很多人很快就放弃了自己的梦想，于是生活就失去了动力，以后的生活就是往下混了，人生也就失去了意义。这就是他们失败而默默无闻的原因。只要不放弃雄心，即使你一辈子都没有实现你的发财梦，你也会觉得没有虚度此生。更何况你只要行动，就会有收获。拿破仑·希尔把致富的过程总结为六大步骤：

第一，牢记你所渴望金钱的确切数目。

第二，决定一下，你要付出什么以求报偿。

第三，设定你想拥有所渴望金钱的确切日期。

第四，草拟实现渴望的确切计划，并且立即行动，不论你准备妥当与否，都要将计划付诸实施。

第五，简单明了地写下你想获得的金钱数目及获得这笔钱的时限。

第六，一天朗读两遍你写好的告白，早晨起床时念一遍，晚上睡觉前念一遍。

这六大步骤的核心就是要行动，任何伟大的财富追求只有在行动中才会变为现实。

由此，我们每个人都应该执着地坚持自己致富的信念，保持昂扬的斗志，让梦想焕发惊人的力量，推动我们勇往直前，切莫让"没有发财的命"之类的想法演化成一种借口，从而成为制约你创造财富的枷锁。要致富，首先得敢致富。恰恰这一点是许多人缺乏的，也是许多人所忽视的。只有敢于亮出致富的旗帜，敢于采取致富的行动，才有可能走上富裕的道路。

6. 执行力在借口中搁浅

成功者总在做事，失败者总在许愿。一个人如果认真考虑过所能负担的责任，那么可以令人信服地说，他会立即采取行动。个人的行动是我们唯一有能力支配的东西，千万别让自己的执行力在借口中搁浅。

人生的时间是有限的，我们应该时刻为成功做准备。但有的人从小养成了拖沓的习惯，并常常用一些漂亮的言辞来掩盖，说什么"我正在分析"。可是数月过去了，他们还在分析，而没有丝毫执行的迹象。他们没有意识到，他们正在受到某种被称为"分析麻痹症"的病毒的侵蚀，这样只会使他们越陷越深，永远也不能实现自己的梦想。另外一种人经常以"我正在准备"作托词，一个月过去了，他们仍然在准备，好多个月过去了，他们还没有准备充分。他们没有意识到这样一个严重的问题，他们正在受到某种被称为"借口"的缺点的侵蚀，他们不断为自己制造借口。

有一首著名的诗是这样写的：

他在月亮下睡觉，

他在太阳下取暖，

他总是说要去做什么，

但什么也没做就死了。

当我们还是一个小孩的时候我们对自己说，当我成为一个大人的时候，我会做这做那，我会很快乐；等我们读完大学之后，我们又说，等我找到第一份工作的时候，我会做这做那，我会很快乐；当我们找到第一份工作之后，我们又会说，当我结婚的时候……然后我们又会说，当孩子们从学校毕业的时候，我会做这做那，并得到快乐；当我们退休的时候，真正步入了我们的晚年，我们看到了什么？我们看到了生活已经从我们的眼前走过去了！

什么时候了？我们在哪里？对这个问题的回答是：时间是现在，我们在这里，让我们充分利用此时此刻。这句话的意思并不是说我们不需要规划未来，相反，这正意味着我们需要规划未来。如果我们最大限度地利用此时此刻，立即行动，我们就是在播种未来的种子，难道不是吗？

生活中最可悲、最无用的话语莫过于"它本来可以这样的""我本来应该""我本来能够""如果当时我……该多好啊"。生命不是开玩笑，从来就没有虚拟语气的说法。我们之所以会把问题搁置在一旁，最主要的原因就在于我们还没有学会对自己的人生负责任，这也是我们事后后悔时痛苦不堪的原因。

研究、准备是必要的，但总也走不出这种状态和过程则是不对的。许多机会稍纵即逝，时势也总在发生变化，生活不会是静态的，不会耐心等待着你准备得十全十美，完全到位。研究、准备下去，永远不去执行，到头来，除了一头白发之外我们将一无所获。

执行，不找任何借口。对我们而言，无论做什么事情，都要记住自己的使命，用行动来证明自己的能力。特别是梦想创造财富的年轻人，更应当注意，执行高于一切空谈，因为空谈只会让财富离你远去。

七、不可能变为可能

一定要把不可能变成可能，你这辈子才有价值，人生逃避不是办法，把不可能变成可能。满脑子都是不可能，就是限制了自己，就使你自己受到很大的拘束。你要勇敢地面对现实，接受挑战。我再次强调，人的潜能是无限的，你要有毅力把不可能变为可能，相信自己一定行。

1. 挑战极限，和"不可能"过招

不要对还没有打的牌局说"不可能"，一切皆有可能，只有想不到，没有做不到。

在自然界中，有一种十分有趣的动物，叫作大黄蜂，曾经有许多生物学家、物理学家、社会行为学家联合起来研究这种生物。

根据生物学的观点，所有会飞的动物必然是体态轻盈、翅膀十分宽大的，而大黄蜂这种生物的状况却正好跟这个理论相反。大黄蜂的身躯十分笨重，而翅膀却出奇地短小。依照生物学的理论来说，大黄蜂是绝对飞不起来的。而物理学家的论调则是，大黄蜂的身体与翅膀的比例，根据流体力学的观点，是绝对没有飞行的可能的。

可是，在大自然中，只要是正常的大黄蜂，没有一只是不能飞的，甚至它飞行的速度并不比其他能飞的动物慢。这种现象，仿佛是大自然和科学家们开的一个很大的玩笑。最后，社会行为学家找到了这个问题的答案。很简单，那就是——大黄蜂根本不懂生物学与流体力学，每一只大黄蜂在它长大之后就本能地知道，它一定要飞起来去觅食，否则必定会活活饿死！这正是大黄蜂之所以能够飞得那么好的奥秘。

由此可见，这世上没有绝对的"不可能"，只要敢于拼搏，一切皆有可能。

说到"不可能"这个词，我们来看一看著名成功学大师卡耐基年轻时用的一个奇特的方法。

卡耐基年轻的时候想成为一名作家。要达到这个目的，他知道自己必须精于遣词造句，字典将是他的工具，但由于他小的时候家里很穷，接受的教育并不完整，因此"善意的朋友"就告诉他，说他的雄心是"不可能"实现的。

年轻的卡耐基存钱买了一本最好的、最完全的、最漂亮的字典，他所需要的字都在这本字典里，而他对自己的要求是要完全了解和掌握这些字。他做了一件奇特的事，他找到"impossible"（不可能）这个词，用小剪刀把它剪下来，然后丢掉，于是他有了一本没有"不可能"的字典。以后，他把整个事业建立在这个前提下。对一个要成长，而且要超过别人的人来说，没有任何事情是不可能的。

当然，讲这个例子并不是建议你从你的字典中把"不可能"这个词剪掉，而是建议你要从你的脑海中把这个观念铲除掉。谈话中不提它，想法中排除它，态度中去掉它、抛弃它，不再为它提供理由，不再为它寻找借口。把这个词和这个观念永远抛开，而用"可能"来代替它。

翻一翻你的人生字典，里面还有"不可能"吗？可能很多时候，当我们鼓起雄心壮志准备大干一场时，有人会好心地告诉我们："算了吧，你想的未免也太天真、太不可思议了，那是不可能的事情。"
接着我们也开始怀疑自己：我的想法是不是太不符合实际了？那是
根本不可能达到的目标。

假如回到 500 年前，如果有人对你说，你坐上一个银灰色的东
西就可以飞上天；你拿出一个"小盒子"就能够跟远在千里之外的
朋友说话；打开一个"方盒子"就能看到世界各地发生的事情……
你也同样会告诉他"不可能"。但是今天，飞机、手机、电视，甚
至宇宙飞船都已经变成现实了。正如那句老话所说的，"没有做不到，
只有想不到"，奇迹在任何时候都可能发生。

纵观历史上成就伟业的人，往往并非那些幸运之神的宠儿，而
是那些将"不可能"和"我做不到"这样的字眼从他们的字典以及
航海中连根拔去的人。富尔顿仅有一个简单的桨轮，但他发明了蒸
汽轮船；在一家药店的阁楼上，法拉第只有一堆破烂的瓶瓶罐罐，
但他发现了电磁感应现象；在美国南方的一个地下室中，惠特尼只
有几件工具，但他发明了锯齿轧花机；伊莱亚斯·豪只有简陋的针
与梭，但他发明了缝纫机；贫穷的贝尔教授用最简单的仪器进行实
验，但他发明了电话。

美国著名钢铁大王安德鲁·卡耐基在描述他心目中的优秀员工
时说："我们所急需的人才，不是那些有着多么高贵的血统或者多
么高学历的人，而是那些有着钢铁般的坚定意志，勇于向工作中的
'不可能'挑战的人。"

2. 甩掉金科玉律的束缚

很多所谓的金科玉律，存在着成见和偏见，谁信奉它，谁就会
受制于它。

大家都记得这句金科玉律："想要别人怎样对待你，就先怎样
对待别人。"这可能是一句大家从小就学到，且会拿来教导孩子的
至理名言。

这句金科玉律的假定是，你喜欢的对待方式会跟其他人喜欢的对待方式一样。这就是"先怎样对待别人"的立论。把这种观点应用在解决组织问题时，就等于是说在协调冲突、决策和搜集信息上，你会跟大家的看法一致。

很多人把这句名言当成个人生活的策略。我们也这样处理周遭发生的事。但把这句名言当成策略，很可能会陷入本位主义的泥潭。因为这句名言假定，自己的看法就是他人的看法。因此，自己所想的，就是适当、正确的。如果你就是在这种金科玉律教导下长大的，难免会养成这种思考逻辑。不过，如果你以不同的观点思考，就能开启许多前所未有的成功之门。

我们被自己对世界的偏见所蒙蔽，看不到个人见解的可笑和荒谬。这种狭隘的观念，直接影响了我们在处理变革引发的差异时采取的决策和行动。

如果你认为所有看待事情的观点是绝不相同的，那在处理变革差异的冲突及协商决策时，会相当危险。尤其在一意孤行地盲从自己的观点，不考虑他人时，情况便会更危险。

要真正有效处理变革所引起的差异，就得具备求同存异的能力，适时从别人的观点和立场来看事情。要这么做就必须把先前的金科玉律改变一下，换成新版的："以别人想被对待的方式对待他们。"其实，只要观念上稍微调整一下，变革的成效就有天壤之别的。她错了，你不妨只同她讨论而不去辩明谁对谁错。只要你不再强求她接受你的意见，你也就不必自寻烦恼，不必为证实自己是正确的而无休止地争吵了。"现实中，你试着这样做了，效果肯定很奏效。一旦遇到相反的观点和看法，不要争论不休，要么与之讨论，要么回避不谈。

其实，各种是非观念都代表着一种"应该"的框框。这些条条框框会妨碍你，当你的条条框框与他人发生冲突时，尤为突出。在我们的生活中不乏一些优柔寡断之人，他们无论大事还是小事都难以做出决定。究其原因，人们之所以优柔寡断，因为他们总希望做出正确的选择，他们以为通过推迟选择便可以避免犯错误，从而避免忧虑。有一位患者去求助心理医生，当医生问他是否很难做出决定时，他回答道："嗯……这很难说。"

你或许觉得自己在很多事情上也难以做出决定，甚至在小事上也是如此。这是习惯于以是非标准衡量事物的直接后果。如果当你要做出某些决定时，能抛开一些僵化的是非观念，而不顾忌什么是是非非，你将轻而易举地做出自己的决定。如果你在报考大学时竭力要做出正确的选择，则很可能不知所措，即使做出决定后，也还会担心自己的选择可能是错误的。因此，你可以这样改变自己的思维方法："所谓最好、最合适的大学是不存在的，每一所大学都有其利与弊。"这种选择谈不上对与错，仅仅是各有不同而已。

衡量是否更适合生活的标准并不在于能否做出正确的选择。你在做出选择之后，控制情感的能力则更为明确地反映出自我抑制能力，因为一种所谓正确的标准包含着我们前面谈到的"条条框框"，而你应当努力打破这些条条框框。这里提出的新的思维方法将在两个方面对你有所帮助：一方面，你将完全摆脱那些毫无意义的"应该"标准；另一方面，在消除了是非观念误区之后，你便能够更加果断地做出各种决定。

生活是不断变化的，观念也要不断地更新。无数的事实告诉我们，成功的喜悦总是属于那些思路常新，不落俗套的人。因此，想别人所不敢想，做别人所不敢做，往往会为我们创造意想不到的机遇。

3. 不要盲目迷信权威

迷信权威便会失去自我的判断，这样一来，我们便失去了最有用的东西。

生活中有很多权威和偶像，他们会禁锢你的头脑，束缚你的手脚。如果盲目地附和众议，就会丧失独立思考的习性；如果无原则地屈从他人，就会被剥夺自主思考的能力。

任何知识都是相对的，它们具有先进性，也有自己的局限性。有些人虽然知识不多，但初生牛犊不怕虎，他们思想活跃，敢于奋力拼搏，反而增加了成功的希望。权威人士常因为头脑中有了定型的见解和习惯，甚至是自己苦心研究得到的有效成果，因而紧紧抱住不放，遇到同类事情总是以习惯为标准去衡量，而不愿去思考别人的意见，哪怕是更好更有效的办法。结果，曾经先进过的东西或习惯有时反而会成为创新的障碍。将一杯冷水和一杯热水同时放入冰箱的冷冻室里，哪一杯水先结冰？很多人都会毫不犹豫地回答："当然是冷水先结冰了！"非常遗憾，错了。发现这一错误的是一个非洲中学生姆佩姆巴。

1963年的一天，坦桑尼亚的马干马中学初三学生姆佩姆巴发现，自己放在电冰箱冷冻室的热牛奶比其他同学的冷牛奶先结冰，这令他大惑不解，并立刻跑去请教老师。老师则认为，肯定是姆佩姆巴搞错了。姆佩姆巴只好再做一次试验，结果与上次完全相同。

不久，达累斯萨拉姆大学物理系主任奥斯波恩博士来到马干马中学。姆佩姆巴向奥斯玻恩博士提出了自己的疑问，后来奥斯玻恩博士把姆佩姆巴的发现列为大学二年级物理课外研究课题。随后，许多新闻媒体把这个非洲中学生发现的物理现象，称为"姆佩姆巴效应"。

很多人认为是正确的，并不一定真的正确。像姆佩姆巴碰到的这个似乎是常识性问题，稍不小心，便会像那位老师一样，做出自以为是的错误结论。

著名的实用主义哲学家威廉·詹姆斯，曾经谈过那些从来没有发现他们自己的人。他说一般人只发挥了10%的潜在能力。"他具有各种各样的能力，却习惯性地不懂得怎么去利用。"

时时刻刻告诉自己：你是独一无二的，你是最棒的，做最独特、最棒的自己才是我们的选择。茫茫尘世、芸芸众生，每个人必然都会有一份适合他的工作。在个人成功的经验之中，保持自我的本色及以自身的创造性去赢得一个新天地，是最有意义的。

有一名酷爱文学的学生，苦心撰写了一篇小说，请一位著名的作家指导。可是这位作家当时正好眼睛不适，于是学生便将作品读给作家听。

读完最后一个字，学生停顿下来。作家问："结束了吗？"听语气似乎意犹未尽，渴望下文。这一问，可能觉得文章写得不错，学生心中暗喜，马上回答说："没有啊，下部分更精彩。"他以自己都难以置信的构思叙述下去。

又"念"了一会儿，作家又似乎难以割舍地问："结束了吗？"

小说看来写得真不错，学生心中暗想着，于是他更兴奋，更激昂，更富于创作激情。他不可遏止地一而再、再而三地接续、接续……最后，电话铃声骤然响起，打断了学生的思绪。

有人打电话找作家有急事，作家匆匆准备出门。

"那么，没读完的小说呢？"学生问。

作家回答："其实你的小说早该收笔，在我第一次询问你是不是结束的时候，就应该结束，没必要画蛇添足。看来，你仍然没能把握情节脉络，尤其缺少决断。决断是当作家的根本，拖泥带水，如何打动读者？"学生追悔莫及，自认性格过于受外界左右，作品难以把握，于是放弃了当作家的梦想。

多年以后，这名年轻人遇到另一位非常有名的作家，羞愧地谈及那段往事。谁知这位作家惊呼："你的反应如此迅捷，思维如此敏锐，编写故事的能力如此出众，这些正

是成为作家的天赋呀！假如能正确运用，你的作品一定能
脱颖而出。"

　　年轻人盲目迷信权威，结果白白辜负了自己的大好才华。可见，权威的意见固然有他的缘由所在，然而权威只能作为我们人生的参考，却不能取代我们对于自己人生的独立思考。权威可能今天是权威，不代表永远是权威。更何况，权威有很多，你是听信哪个呢？权威不代表真理！如果你多问几句，这是真的吗？如果你改变一下，这次不这样做，结果会是怎样？如果你说不，又会是怎样？不要害怕自己的决定会是错的，因为权威们也不知道真正的事实到底是什么，他们也是以自己的经验做判断。相信自己的决断是正确的，你也实现了自我突破。自我突破走出自己的一条路，是面对权威做出的正确选择，也是实现自我价值的出路所在。

　　著名物理学家杨振宁谈到科学家的胆魄时曾说："当你老了，你会变得越来越习惯于舒服……因为一旦有了新想法，马上会想到一大堆永无休止的争论。而当你年轻力壮的时候，却可以到处寻找新的观念，大胆地面对挑战。"为什么有些大人物成名之后却辉煌难再？其重要原因之一恐怕就在这里。因此，我们应该不向习惯低头，敢于挑战权威。

4. 要改变命运，先改变思路

　　人生就是一连串不断思考的过程，每个人的前途与命运，都完全掌握在自己的手中。只要善于思考，获得正确的思路，成功就离你不再遥远。

　　有时，我们不是没有好的机会，而是没有好的思路。思路影响并决定了人的精神和素质。在相同的客观条件下，由于人的思路不同，主观能动性的发挥就不同，产生的行为也就不同。有的人因为具备先进的思路，虽然一穷二白，却白手起家，出人头地；有的人

即使坐拥金山，但由于思路落后，导致家道中落，最后穷困终生。

亿万财富买不来一个好思路，而一个好思路却能让你赚到亿万财富。为什么世界上所有的财富拥有者都能够在发现、捕捉商机上独具慧眼、先知先觉呢？根本原因就是他们思想不保守，思路更新更快！

都说知识改变命运，事实上，真正改变人的命运的是思路，仅凭知识是改变不了命运的！很多自诩才高八斗、学富五车的人不是一样穷困潦倒吗？

人的思想决定了人的言行举止，起着先导的作用。从奔月传说到载人宇宙飞船遨游太空，说到底都是思路更新，思想进步的结果。

思路超前，就能想别人之不敢想，为别人之不敢为，自然就能够发现别人视而不见的绝佳机会，获得成功自然是水到渠成的事。

市场经济的规律告诉我们：只有思路常新才有出路。成功的喜悦从来都是属于那些思路常新、不落俗套的人们。一堆木料，将它用来做燃料，分文不值；如果将它卖掉，能够卖出几十元；如果你有木匠的手艺，将它制作成家具再卖掉，能够卖出好几百块；如果你有高级木匠的手艺，将它制作成高级屏风卖掉，那就能够卖出几千元！

思路的更新是永无止境的。思路是创新的先导，需求是创新的动力。

现在有一句顺口溜："脑袋空空口袋空空，脑袋转转口袋满满。"要想赚钱，就要勇于开拓、不断创新，为自身发展闯出更广阔的新天地。要问财富来自哪里，财富其实就在你的头脑里！人与人的最大差别是思想、思路，有的人长期走入赚钱的误区，一想到赚钱就想到开工厂、开店铺。这一想法不突破，就抓不住许多在他看来不可能的新机遇。

真正想一想，成功与失败，富有与贫穷，只不过一念之差。要改变命运，先改变思路！

　　我们聊到这儿，该画上一个句号了。不知道你现在有何感想，希望此书能给你带来新的启发和领悟。我在这里申明一下，以上所阐述的观念和言论，请对面的读者朋友们择其精华，取其"正心正念正能量"精髓，若有不当之处请摒除，吸收有利于自己健康成长的营养，成为有利于国家、有利于社会、有利于人民的德才兼备人士。祝你有所收获，心想事成！